中国服务设计教育联盟 & 中国工业设计协会设计教育分会推荐

高等学校服务设计系列推荐教材

丁熊　陈嘉嘉　主编

广州美术学院教材出版资助（项目编号：604012242JCJS）

产品服务系统设计

Product Service System Design

丁熊　刘珊　编著

中国建筑工业出版社

图书在版编目（CIP）数据

产品服务系统设计 = Product Service System Design / 丁熊，刘珊编著 . —北京：中国建筑工业出版社，2022.8

高等学校服务设计系列推荐教材 / 丁熊，陈嘉嘉主编

ISBN 978-7-112-27771-1

Ⅰ . ①产…　Ⅱ . ①丁… ②刘…　Ⅲ . ①产品设计－高等学校－教材　Ⅳ . ① TB472

中国版本图书馆 CIP 数据核字（2022）第 152849 号

全书从产品设计、系统设计和服务设计概述出发，帮助读者理解作为三者交集的“产品服务系统”产生的背景和意义。在定义层面，提出广义和狭义两个概念，适当拓宽了产品服务系统理念的运用范围。在分类方面，在常用的三导向分类法基础上，创造性地提出成本效率分类法，使得三导向分类法的可操作性更强；同时也补充了面向广义 PSS 的系统目标分类方法。在构建层面，将双钻石流程优化为“价值主张、系统架构、服务流程、触点设计、原型测试”五个步骤。在“分类”“构建”以及“作业案例”三个章节中，均配以大量案例，包括商业成功案例和概念设计案例。总体来说，这是一本关于“产品服务系统设计”的全面的、进阶的、可操作性强的“指导手册”“工具书”和“案例库”。本书适用于工业设计、产品设计、交互设计专业高年级本科生及研究生使用。

本书附赠配套课件，如有需求，请发送邮件至cabpdesignbook@163.com获取，并注明所要文件的书名。

责任编辑：吴绫
文字编辑：李东禧　吴人杰
责任校对：王烨

高等学校服务设计系列推荐教材
丁熊　陈嘉嘉　主著
产品服务系统设计
Product Service System Design
丁熊　刘珊　编著
*
中国建筑工业出版社出版、发行（北京海淀三里河路 9 号）
各地新华书店、建筑书店经销
北京雅盈中佳图文设计公司制版
北京市密东印刷有限公司印刷
*
开本：787 毫米 × 1092 毫米　1/16　印张：$10\frac{1}{4}$　字数：174 千字
2022 年 8 月第一版　2022 年 8 月第一次印刷
定价：**49.00** 元（赠课件）
ISBN 978-7-112-27771-1
（39603）

总　序
服务业由来已久，服务设计方兴未艾

服务设计通过人员、环境、设施、信息等资源的合理组织，实现服务内容、流程、节点、环境，以及人际关系的系统创新，有效地为个人或组织客户提供生活、生产等多方面的任务支持，为服务参与者创造愉悦的身心体验，努力实现多方共赢的商业和社会价值。

服务经济超越制造业的发展趋势，无疑是服务设计近年来备受关注的直接原因。但是，我们必须意识到，当城市形成的时候，服务就已经成为业态，餐饮、接待、医疗、教育都是有着古老传统的服务业，离开自给自足农村生活环境的城市居民，需要来自第三方多方面、多层次的物质和精神生活支持。这一点有如工业设计，尽管人类造物活动由来已久，工业设计却是在制造业迅猛发展的 20 世纪初期才发展成为一个完整的知识领域。随着全球范围内城市化进程的发展，以及新的通讯、物联等技术革命浪潮的推动，新的社会环境和新的技术条件不仅仅激发了很多新的个体和社会需求，也为需求的表达和满足创造了更加便利的条件，服务设计成为 21 世纪备受关注的重点领域有着充分的环境条件。

服务业虽然由来已久，近年来围绕用户体验和互联网产品的服务创新也为服务设计作为一个新的知识领域提供了充分的经验基础。然而，新的知识领域的确立需要有明确的对象、成熟的方法和稳定的原则。服务设计领域范畴的确立不是第三产业实践内容的归纳，而是对跨行业实践经验共性决策内容的抽象，比如说“流程、节点与体验结果之间的逻辑关系”。自从有了服务业，服务设计方法论也在不断积累的实践经验中得以总结。不同的是，不同的行业有各自不同的经验，不同的学术群体有各自不同的视角；每一种经验、每一个视角又有着各自的时代背景和历史使命。早期营销学或管理学视角的服务设计理念，注重通过流程再造，提高效率和利润；20 世纪 50 年代开始，护理学领域开始提倡以病人为中心的护理理念，强调个人身体、心理以及社会性的全面健康理念，如今国际先进的医疗机构都已经把服务设计充分地融入到了其护理学科的学术研究和商业性的医疗服务。传统的设计学界关注服务设计相对较晚，1991 年比尔·荷林斯夫妇《全面设计：服务领域的设计流程管理》一书的出版（Bill Hollins,“Total Design: Managing the Design Process in the Service Sector”），是设计学领域开始关注服务设计的标志性事件。同年，科隆国际设计学院（KISD）的厄尔霍夫·迈克尔（Michael Erlhoff）与伯吉特·玛格（Birgit Mager）开始将服务设计引入设计教育。卡耐基梅隆大学从 1994 年开始开设的交互设计专业，虽然没有以服务设计来命名课程，其专业知识体系的核心主题却是超越人机界面和跨越行业的“活动和有组织的服务”。以米兰理工大学为代表的“产品服务系统（Product Service System）”设计理念则是从环境可持续的角度希望通过服务有效减少物质资源的利用，提高环境效益。服务设计的兴起，不仅仅是设计学一个学科领域知识发展的结果，而是不同领域，不同行业，在不同的历史时期，不同的社会、经济和技术条件下，以不同的理念和方法参与社会生活的共同结果。

国内设计学领域的服务设计研究和教学起步较晚，但发展迅速。目前，全国已有数十所院校开设了服务设计研究方向或相关课程，起步较早的部分院校也已经形成了各自的服务设计行业应用特色，如江南大学、四川美术学院都在关注健康服务；清华美院在努力尝试公共服务领域的创新；湖南大学在社会创新设计领域成果卓著；同济大学 2009 年就和米兰理工大学达成了产品服务系统设计领域的联合培养计划；广州美术学院相对集中在产品服务系统设计和文旅服务设计领域；南京艺术学院则在产学协同、产教融合的合作中积累了服务设计在商业创新领域中的经验，等等。

2020 年，北京光华设计发展基金会委托笔者组织国内外数十位学者、业界专家和多方机构代表，开发并发布了《服务设计人才和机构评定体系》。该体系针对不同层次的服务设计从业或管理人员，建立了 DML 分级服务设计教育标准体系：服务设计（Service Design）、服务管理（Service Management）和服务领导力（Service Leadership）。其中，“服务设计”层级通过对设计思维、服务设计概念、方法与工具等内容的理论学习，结合服务设计实践，建立对服务设计的基础认知，具备从事服务设计项目实践的能力；“服务管理”通过对服务驱动的商业创新、产品服务系统、服务管理工程等课程的学习，结合项目或企业管理经验，建立对服务设计与商业创新活动之间内在逻辑关系的认知，具备带领服务设计团队与项目管理的能力；“服务领导力”则通过对服务经济、公共服务、政务创新、社会创新等课程的学习，洞悉服务设计与社会价值创造的内在联系，建立基于社会视角的全局观和领导力，具备带领团队通过服务设计思维系统解决社会问题的能力。此外，“设计思维”作为独立的课程模块，是要求每一个服务设计师、服务管理或领导者，都应该了解的设计创造活动中思维和决策的共性特征，并以此为基础学会用批判的眼光去理解问题建构和设计决策的不同可能性，也包括理性地接受和批判不同的设计理念、方法和原则。

今次，欣闻广州美术学院丁熊副教授和南京艺术学院陈嘉嘉教授共同主编“高等学校服务设计系列推荐教材”，并获悉二位教授规划丛书时也参考了《服务设计人才和机构评定体系》中的服务设计 DML 能力架构体系。丛书中，《服务设计流程与方法》《产品服务系统设计》《服务设计与可持续创新》三本教材，通过对服务设计概念、方法与工具等内容的理论学习，结合服务设计实践，建立对服务设计、产品服务系统、可持续服务设计的基础认知，培养学生具备从事服务设计的基本能力。《服务设计研究与实操》《社会创新设计概论》两本教材，通过对服务驱动的产品创新、商业创新和社会创新，聚焦文化、商业和社会价值，培养学生基于管理视角的全局观、领导力和责任感，提升学生通过服务设计思维解决商业和社会问题的能力。系列教材的每一著作均会融入大量教学及产业服务设计实践案例，涵盖了健康、医疗、娱乐、旅游、餐饮、教育、交通、家居、金融、信息等各个领域，将理论方法与实践充分结合，为有意从事服务设计研究和实践的师生提供了很好的理论、方法和实践案例多方面的指导与参考。

服务设计既是新兴的第三产业设计实践活动，其决策的关键主题“节点、流程和体验结果之间的逻辑关系”又为我们在哲学层面理解广义造物活动提供了一个全新的视角。在尝试理解服务设计这一设计学新兴知识领域的同时，我们也应该意识到服务设计同样可以作为理解产品、空间和符号的特定视角。因此，我也希望丁熊和陈嘉嘉二位教授主编的“服务设计”系列教材不仅仅可以影响到关注服务设计的新兴设计力量，同时也能为尚未开设服务设计研究方向的院校师生提供一个其学科和职业发展的新的思路。

辛向阳

同济大学长聘特聘教授 / XXY Innovation 创始人

2022 年 7 月

前　言

2015年，世界设计组织（WDO）给出了工业设计最新定义：（工业）设计旨在引导创新，促发商业成功及提供更好质量的生活，是一种策略性解决问题的过程应用于产品、系统、服务及体验的设计活动。从这个定义可以看出，系统、服务和体验已成为设计创新活动的重要目的和价值衡量标准。

再从现代设计，尤其是工业设计诞生以来的全球经济、文化来看，工业革命以机器取代人力，以大规模工厂化生产取代个体工场手工生产，创造了巨大生产力，使社会面貌发生了翻天覆地的变化。城市化进程加快，物质越来越丰富，人们的生活质量得到极大提升。然而，工业化和城市化也产生新的社会问题，比如贫富分化、城市人口膨胀、住房拥挤、环境污染等。其中，环境问题在19世纪中期以后逐渐成了严重的问题，具体表现在：工业革命之后，世界煤炭、石油、天然气（沼气）等总量飞速下降；工业发展使二氧化碳、氟利昂、一氧化碳排放量急剧增加；工业化进程增加了生产用地，使大量动物濒临或已经灭绝，生物链遭到破坏。

工业革命对设计产生了诸多影响，设计在工业化进程中也扮演了重要角色。工业革命为设计提供了经济、技术条件；工业革命导致设计与制作、销售完全分离成为一门独立的行业；工业革命的先进生产方式对设计提出了新的要求，传统类型的设计已不能满足新形势的需要；工业革命带来了社会化大生产，其产品需要满足不同国家、地域和文化的需要。

在第四次工业革命（也就是工业4.0）背景下，设计、工业设计、产品设计该何去何从？设计如何兼顾产业、环境和用户的需求？可持续设计俨然已成为新的关注点。可持续设计先驱维克多指出：“设计师应合理利用有限的资源，为我们的世界提供理性的、负责任的设计”，产品服务系统设计（Product Service System Design）就是这样的设计。

产品服务系统概念由联合国环境规划署（UNEP）提出，是由产品、服务、网络以及组织结构所组成的有竞争力的系统。其初衷是“可持续的消费”，用户可以不拥有实质的物理产品，而获得使用产品的过程或结果，以此来降低对物质材料的消耗，最终达到生态环境的可持续发展。这也是狭义的“产品服务系统”。

根据可持续发展四维度理论，除环境可持续以外，经济可持续、社会可持续、文化可持续也是不可忽视的重要维度，无论是在文化遗产保护与传承领域，还是在与之相关的商业体验设计领域。这就是广义的“产品服务系统”。

本书正是在这样的背景下，受广州美术学院研究生教育创新计划项目（604012242JCJS）资助编纂的，适用于硕士研究生及本科高年级阶段使用。全书从产品设计、系统设计和服务设计概述出发，帮助读者理解作为三者交集的“产品服务系统”产生的背景和意义。在定义层面，提出广义和狭义两个概念，适当拓宽了产品服务系统理念的运用范围。在分类方面，在常用的三导向分类法基础上，创造性地提出成本效率分类法，使得三导向分类法的可操作性更强；同时也补充了面向广义 PSS 的系统目标分类方法。在构建层面，将双钻石流程优化为“价值主张、系统架构、服务流程、触点设计、原型测试”五个步骤。在“分类”“构建”以及“作业案例”三个章节，均配以大量案例，包括商业成功案例和概念设计案例（书中图片除注明出处外，其余均为本书作者自绘或自摄）。总体来说，这是一本关于“产品服务系统设计”的全面的、进阶的、可操作性强的“指导手册”“工具书”和“案例库”。

事实上，产品服务系统设计仍是一个较新的研究和教学领域，仍有不断完善的可能。恳请各位同行、专家批评指正！

课程教学大纲

课程名称：产品服务系统设计
英文名称：Product Service System Design
授课对象：研究生一年级 / 本科三年级下学期
周　　数：5
学分学时：5 / 80
课程性质：专业必修课

一、教学目的和任务

产品服务设计系统以策略为核心，以开发新的商业模式为目的，在设计整合中，将服务以非物质的产品形式与物质产品有效地结合在一起，并对传统经济模式中涉及的供应、生产、销售、用户、政府乃至公益组织等资源进行系统化。

课程思政要点：让学生通过学习，掌握事物的发展规律。注重学思结合，增强学生对职业标准、团队协作、社会责任、道德规范等方面的认识，培养勇于探索的创新精神和善于解决问题的实践能力，引导学生立足时代、扎根人民、深入生活，树立正确的产品 / 服务观和创作观。

二、教学原则和要求

1. 要求学生建立“产品 + 服务”可持续设计观；
2. 培养学生具备“产品 + 服务”复杂系统的分析能力；
3. 教授学生掌握“产品 + 服务”整体系统的构建方法；
4. 训练学生进行“服务流程”及“有形触点”的创新与表达。

三、授课方式

采用理论与实践相结合的教学原则，通过主题讨论与学生交流，拓宽其视野，充分调动其积极性。要求学生掌握产品服务系统设计的流程与创意方法，能够结合具体的设计项目提出合理的系统解决方案。具体方式包括：

1. 课堂讲授（线上线下融合）；
2. 实地专业考察；
3. 项目讨论与设计实践。

四、教学内容及学时安排

1. 产品设计、系统设计、服务设计概述，2 学时；
2. 产品服务系统的定义，2 学时；
3. 产品服务系统的分类，8 学时（具体包括：理论授课 4 学时；作业分享与点评 4 学时）；
4. 产品服务系统设计流程，4 学时；
5. 产品服务系统设计实践，64 学时（具体包括：价值主张设计 16 学时；系统结构设计 16 学时；用户旅程设计 16 学时；服务场景设计 12 学时；作业分享与点评 4 学时）。

五、课程作业

1. 产品服务系统案例分析（随堂小组作业）。以国内外商业化产品为范畴，作产品服务系统案例分析，每种类型（产品服务占比三导向类型 + 系统目标四类型，合计七个类型）不少于 2 个案例，并简要分析该企业及产品或服务的核心竞争力，完成案例分析报告（每个案例不少于 5 页）。

2. 产品服务系统项目设计（结课小组作业）。针对指定课题（或在餐饮、休闲、健康、教育、出行等领域中任选一个主题），搜集各类相关信息，并开展实地调研，分析并阐述存在问题，结合某一种 PSS 类型，提出解决方案，按照双钻石流程设计一个产品服务系统，包含品牌形象、服务系统和产品设计。完成设计报告（不少于 50 页）、概念视频（2~3 分钟）、设计展板（A0，竖构图，2~3 张）。

六、考核及评分标准

满分为 100 分，以结课作业为评分对象。

	≥ 90 分	80~89 分	70~79 分	60~69 分	<60 分
用户角色、旅程图、系统图等服务设计工具运用和表达（准确性、清晰度）	高	较高	一般	较低	低
价值主张与服务流程（创新性、系统性、完整性、可行性）	高	较高	一般	较低	低
品牌视觉系统（完整度、创意度、美观度）	高	较高	一般	较低	低

	≥ 90 分	80~89 分	70~79 分	60~69 分	<60 分
空间及其他触点设计（完整性、美观性、和谐性）	高	较高	一般	较低	低
原型测试（准备工作、发现问题能力、快速迭代能力）	好	较好	一般	较差	差

七、教材与教学参考资料

（1）耿秀丽．产品服务系统设计理论与方法 [M]. 北京：科学出版社，2018.

（2）陈嘉嘉，王倩，江加贝．服务设计基础 [M]. 南京：江苏凤凰美术出版社，2018.

（3）陈嘉嘉．服务设计：界定・语言・工具 [M]. 南京：江苏凤凰美术出版社，2016.

（4）王国胜．服务设计与创新 [M]. 北京：中国建筑工业出版社，2015.

（5）黄蔚．服务设计驱动的革命：引发用户追随的秘密 [M]. 北京：机械工业出版社，2019.

（6）[美]Jonathan Cagan，Craig M・Vogel. 创造突破性产品：从产品策略到项目定案的创新 [M]. 辛向阳，潘龙，译．北京：机械工业出版社，2004.

目　录

[第一章]

产品设计、系统设计、服务设计概述

1970 年，国际工业设计协会为工业设计下了一个完整的定义：工业设计，是一种根据产业状况以决定制作物品之适应特质的创造活动。

1980 年，国际工业设计协会将定义进行修正：就批量生产的工业产品而言，凭借训练、经验及视觉感受而赋予材料、结构、形态、色彩、表面加工以及装饰以新的品质和资格，叫作工业设计。

2006 年，国际工业设计联合会给出的工业设计定义包括目的和任务两个层面。目的层面，设计是一种创造性的活动，其目的是为物品、过程、服务以及它们在整个生命周期中构成的系统建立起多方面的品质。任务层面，设计致力于发现和评估与下列项目在结构、组织、功能、表现和经济上的关系：增强全球可持续性发展和环境保护；给全人类社会、个人和集体带来利益和自由；在世界全球化的背景下支持文化的多样性；赋予产品、服务和系统以表现性的形式（语义学）并与它们的内涵相协调（美学）。

时间跨越到 2015 年，国际工业设计协会更名为世界设计组织（WDO），并给出了工业设计的最新定义：（工业）设计旨在引导创新，促发商业成功及提供更好质量的生活，是一种策略性解决问题的过程应用于产品、系统、服务及体验的设计活动。它是一种跨学科专业，并将创新、技术、商业、研究及消费者紧密联系起来，共同进行创造性活动，并将需要解决的问题和提出的解决方案进行可视化，重新解构问题，并将其作为更好商业机会，提供新的价值以及竞争优势。

在这个最新定义中，产品、系统、服务被同时提到，并随着时代和产业的发展，被越来越重视。产品服务系统设计，正是产品设计、系统设计和服务设计的交叉领域（图 1–1），兼具三者特征。

图 1–1
产品服务系统设计的相关领域

第一节　产品设计

一、产品设计的主要内容

产品设计是从制订出新产品设计任务书起到设计出产品样品为止的一系列技术工作。其工作内容主要包括制订产品设计任务书及实施设计任务书中的项目要求，具体包括产品的性能、结构、规格、形式、材质、内在和外观质量、寿命、可靠性、使用条件、应达到的技术经济指标等，即一般所说的产品的形态、功能、材料、结构、人机工程学等。

产品设计的流程和方法一般包括市场调查、用户研究、概念设计、模型验证、结构设计、原型制作等阶段。产品设计的对象也会因产业而不同，主要包括家居产品（如家具、家电、灯具等）、文具产品、文创产品、智能电子产品、交通工具、装备 / 设备、公共设施等批量化生产的人造物。

产品设计应该做到：①新设计的产品应是先进的、高质量的，能满足用户使用需求。②使产品的制造者和使用者都能取得较好的经济效益。③从实际出发，充分注意资源条件及生产、生活水平，做最适宜的设计。④注意提高产品的系列化、通用化、标准化水平。

由于产品设计阶段要全面确定产品策略、外观、结构、功能，从而确定整个生产系统的布局，因而，产品设计的意义重大，具有“牵一发而动全局”的重要意义。如果一个产品的设计缺乏生产观点，那么生产时就将耗费大量费用来调整和更换设备、物料和劳动力。相反，好的产品设计，不仅体现功能上的优越性，而且便于制造，生产成本低，从而使产品的综合竞争力得以增强。许多在市场竞争中占优势的企业都十分注意产品设计的细节，以便设计出造价低而又具有独特功能的产品。大量成功企业和品牌案例告诉我们，设计是企业创新发展的重要战略工具，好设计就是好体验、好产品，是赢得顾客的关键。

二、优化设计与创新设计

根据设计介入的程度不同，产品设计大致可以分为优化设计和创新设计两大类。这是两种不同的产品设计策略，需要的企业资源、设计人员能力、研发成本（包括时间成本、人力成本和物力成本）也不同。

1. 优化设计

优化设计（Optimal Design）的目标是选择尽可能优的产品设计方案，即通过综合考虑各个设计目标和侧重点，得到相对来说最好（最合理）的设计方案。如较合理的功能组合、较低的成本控制、较好的用户体验、较吸引人的外观等，也就是通常所说的“改良设计”（图 1–2）。

图 1–2 左上角的卷纸案例，通过方形纸芯的改良设计，改善了它在纸巾架上轻易滚动从而增加用纸量、带来浪费的问题，同时，每一卷可缠绕的纸巾更多，相同体积的包装箱可以承载更多产品，降低了运输成本。图 1–2 右上角的油漆桶案例，设计师把桶的开口设计得尽可能大，方便使用者容易将刷子伸进桶去蘸取，以及在桶口刮掉刷子上多余的油漆，使用体验被大大提升。

在众多的创意优化设计方法中，系列化设计、模块化设计、情感化设计是企业较常采用的手段。

系列化设计（Series Design）是指对同一类产品的结构形式和主要参数规格进行科学规划的一种标准化设计形式。系列化是标准化的高级形式。系列化通过对同类产品发展规律研究，预测市场需求，将产品的形式、尺寸等做出合理的安排和规划，其目的是使某类产品系统的结构优化，功能达到最佳。同时也能实现降低产品成本、缩短制造周期、提高生产率。狭义上的系列指相关联的成组成套的事物。系列的形成主要通过造型、色彩、材料、功能、技术等方式进行（图 1–3）。在以计算方式进行优化的项目中，优化设计以数学中的最优化理论为基础，以计算机为手段，根据设计所追求的性能目标，

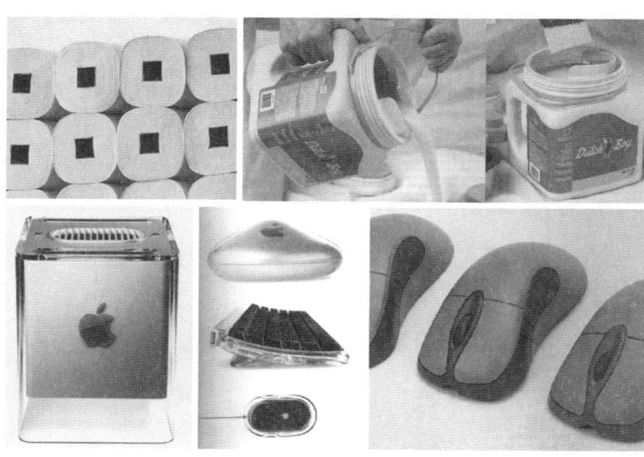

图 1–2　产品改良设计（图片来源：网络）

图 1–3　系列化产品设计（图片来源：网络）

建立目标函数，在满足给定的各种约束条件下，寻求最优的设计方案。具体优化步骤包括建立数学模型、选择最优化算法、程序设计、制定目标要求、计算机自动筛选最优设计方案等。通常采用的最优化算法是逐步逼近法，有线性规划和非线性规划。

模块化设计（Modular Design）是将产品的某些要素组合在一起，构成一个具有特定功能的子系统，将这个子系统作为通用性的模块与其他产品要素进行多种组合，构成新的系统，产生多种不同功能或相同功能、不同性能的系列产品。模块化设计是绿色设计方法之一，它已经从理念转变为较成熟的设计方法。将绿色设计思想与模块化设计方法结合起来，可以同时满足产品的功能属性和环境属性，一方面可以缩短产品研发与制造周期，增加产品系列，提高产品质量，快速应对市场变化；另一方面，可以减少或消除对环境的不利影响，方便重复利用、升级、维修和产品废弃后的拆卸、回收和处理。

情感化设计（Emotional Design）主要用于交互产品设计领域，旨在抓住用户注意、诱发情绪反应以提高执行特定行为可能性的设计。这里的情绪反应可以是有意识的，也可以是无意识的。享誉全球的认知心理学家唐纳德·A·诺曼在其《情感化设计》一书中，将设计的维度归纳为本能、行为和反思三个层次，阐述了情感在设计中所处的重要地位与作用，深入地分析了如何将情感效果融入产品的设计中，可解决长期以来困扰设计工作人员的问题——物品的可用性与美感之间的矛盾。

2. 创新设计

创新设计（Innovation Design）是指充分发挥设计者的创造力，利用人类已有的相关科技成果进行创新构思，设计出具有科学性、创造性、新颖性及实用性的一种实践活动。相较于优化设计而言，创新设计更注重功能、使用方式、材料应用等方面的全新设计理念。

如图 1–4 所示，是广州美术学院工业设计学院历年来的毕业设计作品，包括：将咖啡制作过程可视化的“咖啡工厂”，新概念城市代步工具“风火轮”，以磁性连接为手段的模块化组合“竹家具”，利用现代信息技术的概念电动车“车载交互系统”，能同时满足老年人锻炼和儿童娱乐需求的“祖孙健身设施”。这些设计作品，在某种程度上都带有一定的“突破式创新”特征，是一种未来产品概念的表达，因此有时也被称为“概念设计”。

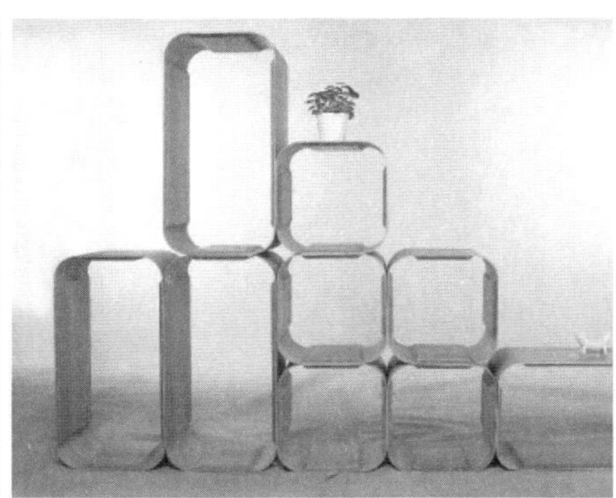
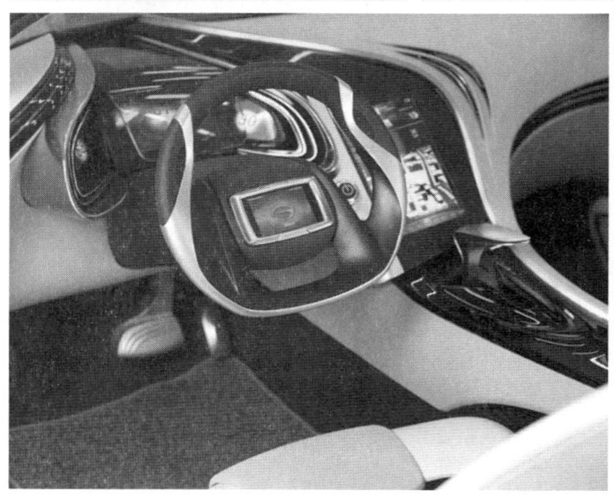
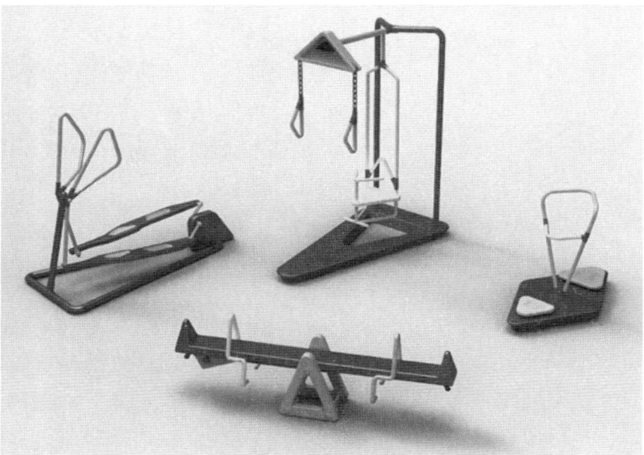

图 1-4　产品创新设计

三、产品生命周期与可持续设计

1. 产品生命周期

产品生命周期（Product Life Cycle），是指在产品开发阶段，综合考虑产品整个生命周期过程中的环境因子，并将其纳入设计之中，以求产品整个生命周期过程中的环境影响最小化，最终引导产生更具有可持续性的生产和消费系统。产品生命周期一般指从原材料获取到产品废弃处理的整个过程，如图 1-5。

LCA 生命周期评价是一套科学的、系统的环境影响评价方法。系统地评估在产品、工艺或活动的整个生命周期内的能源消耗、原材料使用以及环境释放的需求与机会。这种分析包括定量和定性的改进措施，例如改进产品结构、重新选择原材料、改变制造工艺和消费方式以及废弃物管理等。

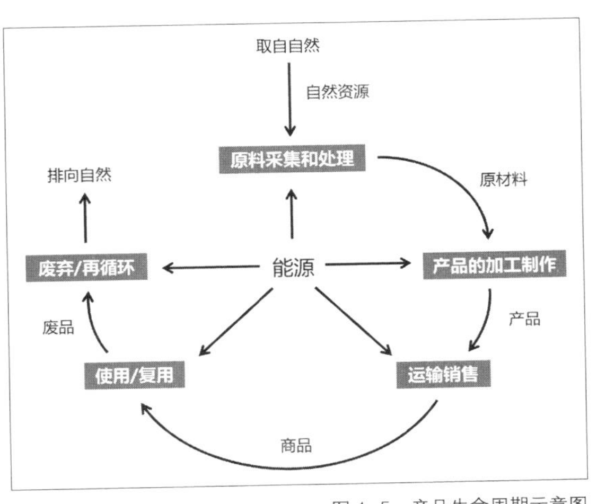

图 1-5 产品生命周期示意图

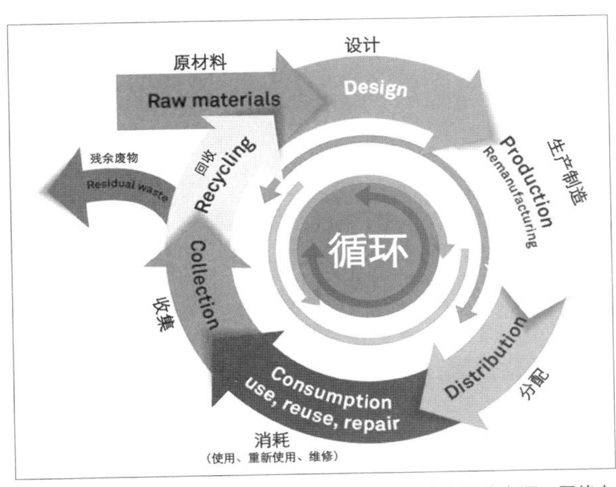

图 1-6 循环经济(图片来源:网络)

2. 可持续设计

可持续是当今世界热议的话题。可持续发展既满足当代人的需求，又不对后代人满足其需求的能力构成危害的发展。

循环经济理论(图 1-6)以及可持续发展的思想运用在产品设计中，所得的产物便是可持续设计(Sustainable Design)，是相对于追求市场扩张模式的社会发展模式而提出的设计思想。早在 1968 年，可持续设计的先驱维克多(Victor Papanek)就在其专著《为真实世界而设计(Design for the Real World)》中这样描述，“设计师应

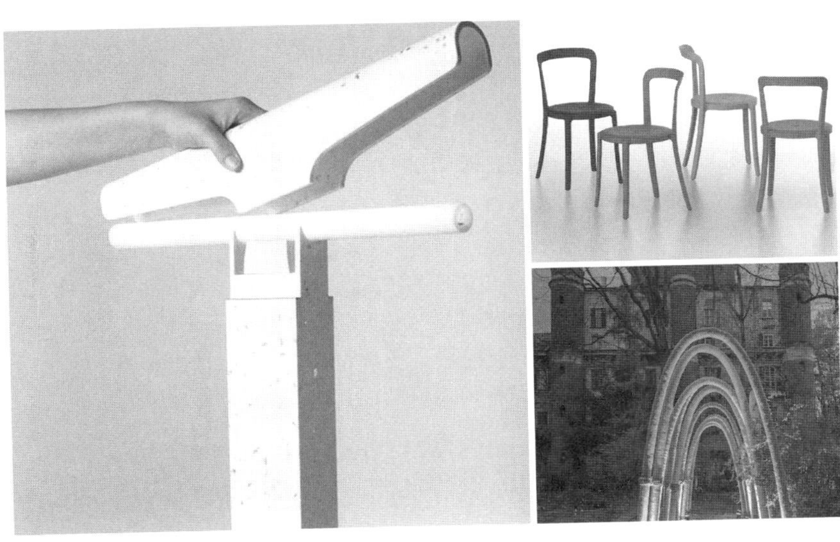
图 1-7 可持续设计
(图片来源:网络)

合理利用有限的资源，为我们的世界提供理性的、负责任的设计”，这就是可持续设计（Sustainable Design）。如今，人们的生活中也出现了越来越多的可持续设计案例，如图 1–7。

2020 年 9 月，我国提出“二氧化碳排放力争于 2030 年前达到峰值，努力争取 2060 年前实现碳中和”的目标和愿景，这是国家的重大战略决策，事关中华民族永续发展和构建人类命运共同体，意味着我国更加坚定地贯彻可持续发展理念，构建新发展格局，推进产业转型和升级，走上绿色、低碳、循环的发展路径，实现高质量发展。

第二节　系统设计

一、系统与系统设计的概念

1. 系统

系统（System）意为部分组成的整体，即是由一些相互联系、相互制约的若干组成部分结合而成的、具有特定功能的一个有机整体（集合）。

系统的定义包含一切系统所共有的特性。一般系统论创始人贝塔朗菲给出的定义是：系统是相互联系、相互作用的诸元素的综合体。这个定义强调元素间的相互作用以及系统对元素的整合作用。可以这样表述：定义对象集 S 有两个条件：① S 中至少包含两个不同元素；② S 中的元素按一定方式相互联系。满足条件则称 S 为一个系统，S 的元素为系统的组分（混合物中的各个成分）。

这个定义指出了系统的三个特性：①多元性。系统是多样性的统一，差异性的统一；系统往往由寻求平衡的实体构成，并显示出震荡、混沌或指数行为。②相关性。系统是由能量、物质、信息流等不同要素所构成的；系统不存在孤立元素组分，所有元素或组分间相互依存、相互作用、相互制约。③整体性。系统是一个动态的、复杂的、复合的统一整体，是相互作用结构和功能的单位。

简单来说，系统由若干要素（部分）组成，系统有一定的结构、一定的功能，或者说，系统要有一定的目的性。系统各主量和的贡献大于各主量贡献的和，即常说的 1+1>2。

系统是普遍存在的，从基本粒子到河外星系，从人类社会到人的思维，从无机界到有机界，从自然科学到社会科学，系统无所不在。按宏观层面分类，它大致可以分为自然系统、人工系统和复合系统。

2. 系统设计

系统设计（System Design）是根据系统分析的结果，运用系统科学的思想和方法，设计出能最大限度满足所要求的目标（或目的）的新系统的过程。

系统设计的内容包括：①确定系统功能、设计方针和方法，产生理想系统并作出草案。②通过收集信息对草案作出修正，产生可选设计方案。③将系统分解为若干子系统，进行子系统和总系统的详细设计并进行评价。④对系统方案进行论证并作出性能效果预测。

进行系统设计时，必须把所要设计的对象系统和围绕该对象系统的环境共同考虑，前者称为内部系统，后者称为外部系统，它们之间存在着相互支持和相互制约的关系，内部系统和外部系统结合起来称作总体系统。因此，在系统设计时必须采用内部设计与外部设计相结合的策略，从总体系统的功能、输入、输出、环境、程序、人的因素、物的媒介各方面综合考虑，设计出整体最优的系统。

来看一个简单的案例（图 1-8），这是一个关于城市公共自行车租赁系统的概念设计。在这样一个系统中，需要考虑多个子系统，如能源系统、雨水收集再利用系统、绿植系统、信息导览系统、租赁数字服务系统、便利服务系统（如打气）等。它们之间本来是相互独立的，但因为城市居民提供公共自行车租赁这一共同目标，需要被整合到一起，成为彼此有关联的子系统。整合后的系统让公共自行车的租赁服务变得更加流畅，环境变得更加舒适，体验变得更加愉悦。从这个角度来讲，就实现了系统设计 1+1>2 的效果。

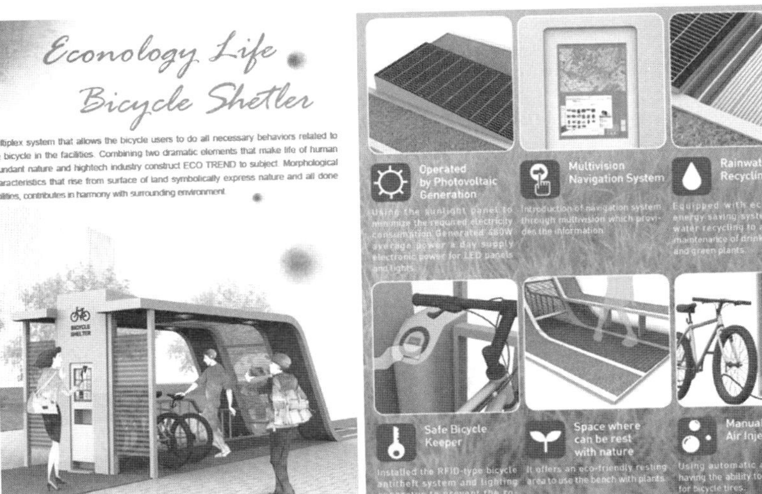

图 1-8
城市公共自行车租赁系统设计
（图片来源：网络）

进行系统设计应当采用分解、综合与反馈的工作流程。一个产品系统的设计，包括系统分析与系统综合两个方面。系统的分析和综合，是系统论的基本方法。不论多大的复杂系统，首先要分解为若干子系统或要素，分解可从结构要素、功能要求、时间序列、空间配置等方面进行，并将其特征和性能标准化，综合成最优子系统，然后将最优子系统进行总体设计，从而得到最优系统。在这一过程中，从设计计划开始到设计出满意系统为止，都要进行分阶段及总体综合评价，并以此对各项工作进行修改和完善。整个设计阶段是一个扩散和整合交织的过程。

系统分析与系统综合是系统设计的流程，从方法角度来看，系统设计常用的方法包括归纳法和演绎法两种。应用归纳法进行系统设计的程序是：首先尽可能地收集现有的和过去的同类系统的系统设计资料；在对这些系统的设计、制造和运行状况进行分析研究的基础上，根据所设计的系统的功能要求进行多次选择，然后对少数几个同类系统作出相应修正，最后得出一个理想的系统。演绎法是一种公理化方法，即先从普遍的规则和原理出发，根据设计人员的知识和经验，从具有一定功能的元素集合中选择能符合系统功能要求的多种元素，然后将这些元素按照一定形式进行组合，从而创造出具有所需功能的新系统。在系统设计的实践中，这两种方法往往是并用的。

二、系统设计的原则与步骤

1. 系统设计的五项原则

（1）关联性

关联性是指组织体系的要素，既具有独立性，又具有相关性，而在各要素和体系之间，同样存在这种“相互关联或相互作用”的关系。系统由若干个子系统按照一定的结构组成，这里所说的结构就是有机关联性。也就是说，系统中的各个要素即子系统之间是相关的，这样才可以被关联到一起，才可以发挥整合的力量。

（2）有序性

有序和无序是描述系统内部状态、客观事物内部各要素以及客观事物之间关系的范畴。有序指系统的组成元素、事物内部诸要素或事物之间的有规则的排列、组合、运动和转化。系统设计的有序性就是说系统里面的各个子系统、各个要素之间不仅有关联，还有大小的关系、并列的关系、前后的关系等，它们是按照一定的逻辑组合在一起的。

当然有序和无序二者的差异是相对的，世间没有绝对的有序和无序，在有序的事物中存在着破坏其有规则的排列或运动过程的因素，无序的事物中总是包含有序的因素。

（3）较优化

系统设计的目的，就是把不同的要素整合在一起，通过系统分析和系统综合，通过归纳和演绎，找到一个更加合理、更加适当的解决方案，即较优化的解决方案。

系统设计的较优化体现在可靠性、经济性等方面。

可靠性指系统抵御外界干扰的能力及受外界干扰时的恢复能力。可靠性既是评价系统设计质量的一个重要指标，又是系统设计的一个基本出发点。只有设计出的系统是安全可靠的，才能在实际中发挥它应有的作用。

经济性是指在满足系统要求的前提下，不仅追求给用户带来一定的效益，还应尽可能减少系统不必要的支出。一方面，在系统投资上不能盲目追求技术上的先进，而应以满足系统需要为前提；另一方面，系统设计中应避免不必要的复杂化，各模块应尽可能简洁。

（4）动态性

系统设计的动态性相对难理解一些。系统有稳定和不稳定两种不同的属性和状态。当然，优良的系统一般是稳定的，但事实上大部分的系统某种程度上来说，可能都不稳定，因为系统内的要素在不断地产生变化，它们的组合关系也在变化，例如在一定的时间内，各要素的排序可能会发生变化。系统设计必须在内部和外部因素共同影响、不断变化的状态下进行，是一个不断演进和迭代的过程。

因此，灵活性及可变性成为系统设计明显的特征。灵活性是指具有灵活的能力，是系统对外界环境变化的适应能力，它与原则性存在着一种辩证关系。可变性是指可以改变的程度和弹性，反映着系统适应于市场变化与用户需求的敏捷性。

（5）整体性

整体性就是把研究对象看作由各个构成要素形成的有机整体，研究对象整体性质。这里的整体性质不等于形成它的各要素性质的机械之和，对象的整体性是由形成它的各要素（或子系统）的相互作用决定的。因此它不要求人们事先把对象分成许多简单部分，分别进行考察，然后再把它们机械地迭加起来；而要求把对象作为整体来对待，从整体与部分的相互依赖、相互联系、相互制约的关系中揭示对象的特征和运动规律。

因此，系统设计中，要从整个系统的角度进行考虑，保证系统的一致性和完整性，使系统有统一的信息代码、统一的数据组织方法、统一的设计规范和标准，以此来提高系统的设计质量。

2. 系统设计的八个步骤

系统设计的步骤分为 8 步，从字面意思就能理解。简单梳理如下：

（1）总体分析。就是先用全局的思维去看整体，是什么系统？有可能包含哪些子系统？有什么资源、优势或特色？

（2）任务与要求的分析。明确系统设计的目标是什么？要求是什么？最终要达到什么样的效果？系统设计的任务有哪些？可以拆分成哪些细分任务？

（3）功能分析。对整个系统的功能进行分析，明确系统要发挥的功效是什么？假设最终产品形态，是硬件还是软件？是有形产品还是无形服务？然后根据功能定位和产品形态来进行设计。

（4）指标分配。系统要实现既定的功效、功能或结果，需要由哪些元素来组成？需要有哪些部分来参与整个系统的工作？各个部分或要素的设计标准和规范是什么？测试指标有哪些？

（5）方案研究。每一个解决方案可以只针对一个指标，也可以尽量应对和满足多个指标。如何满足，需要一个往复的方案推敲和研究过程。

（6）分析模拟。实现某个或某些功效的方法有很多，设计师可通过创意头脑风暴和解决方案排列组合等方式，产生很多不同的方案，以便后续比较和分析，例如选择 A+B 整合解决方案优于 C 方案。

（7）系统优化。作为一个系统，通常会有这样或那样的问题。如可用性不高，易用性不足，或是投入的人力物力较大，等等。此时应反复组合、实验并迭代解决方案。

(8)系统综合。是指综合汇总调查、分析、设计、模拟、测试、迭代的结果，运用各种定性因素，以标准给予衡量，对比系统目标达到的程度，进行综合评价，从中选择限制条件下的最佳可行方案，以供决策者参照实施。

第三节 服务设计

一、服务设计思维的兴起

1. 服务经济与体验经济

人类社会发展到现在，先后经历了四个经济时代，分别是：狩采时代、农业时代、工业时代和信息时代。有学者指出，在 21 世纪 20 年代，我们将迎来生物经济时代的成熟（Smyth，S. J.，Aerni，P.，Castle，D.，Demont，M.，Falck–Zepeda，J. B.，Paarlberg，R.，Phillips，P. W. B.，Pray，C. E.，Savastano，S.，Wesseler，J.，Zilberman，2011）。然而，不同经济时代的生命周期是相互交织更迭的（邓心安、高璐，2006）。在生物经济时代孕育的同时，服务经济和体验经济概念几乎同时被提出，且正以极快的速度从根本上改变着当下人们的生活方式以及生活质量。

服务经济是一种将“人力资本”作为基本生产要素的经济结构、增长方式和社会形态，是指服务经济产值在 GDP 中的相对比重超过 60% 的一种经济状态，也是近半个世纪以来在全球崛起的一种新的经济形式。服务经济涉及的领域极广，具体包括由企业提供的社会服务，如金融、商贸、信息、电信、文化、旅游、餐饮、体育、邮政、物流、运输等，也包括由政府、事业单位等提供的公共服务，如人口和计划生育、医疗卫生、义务教育、社会福利等。

以欧洲和美国、日本等为代表的发达国家紧跟信息经济时代步伐，正以服务经济为前提，大规模地开展体验经济的探索与实践（约瑟夫·派恩、詹姆斯·H·吉尔摩，2002；约瑟夫·派恩二世，2008）。从另一个角度来说，体验经济就是将服务作为舞台、将商品作为道具来使顾客融入其中的社会演进阶段，因此是服务经济的一种延伸状态。体验经济强调从生活、工作、娱乐等场景出发，塑造用户的感官体验和思维认同，从而达到“抓住顾客注意力、改变消费行为”的目的。从农业到工业、计算机业、互联网、旅游业、商业、服务业、餐饮业、娱乐业等，各行各业每天每时每刻都在上演着体验或体验经济。

从国际设计组织 2015 年 10 月发布的设计最新定义可以看出，系统、服务和体验已成为设计创新活动的重要目的和价值衡量标准。服务涉及人们生活的各个方面，从公共服务到商业服务，从服务策划、服务设计到服务营销，无论是对服务的提供者还是接受者而言，用户体验往往是最为重要的关注点。设计的关注点也由“物”转向“行为”，继而转向“体验”。

众多的学者、学术机构的理论研究和国内外商业机构的实践案例告诉我们，服务设计是以用户为中心、协同多方利益相关者（包括服务提供者和服务接受者），通过人员、环境、设施、信息等要素的创新与综合集成，实现服务提供、流程、触点的系统创新，从而提升服务体验、效率、价值的一种设计活动（中华人民共和国商务部，2018）。服务设计是一种需要多学科交叉、多方协作统筹、多系统整合、多人员交互共同创造的活动，就是要将设计理念融入到服务的策划与流程安排本身，从而提高服务的质量，改善消费者的使用体验。在这个过程中，设计人员必须综合考虑服务系统、服务过程、服务接触点及商业模式。因此，与其说服务设计是一种学科、方法，不如说它是一种理念和思维方式。作为主要关注文化与教育、健康与医疗、休闲与旅游、社会保障与民生等领域的服务设计，不得不把体验设计作为其最基本的设计方法。“以用户为中心”和“共同创造”是服务设计的两大基础原则。服务设计正越来越成为一种前瞻的思维和一个必要的工具，为各行各业的设计师所用。

2. 服务设计典型案例

（1）维珍航空

维珍航空于 1984 年成立，如今已发展成为英国第二大远程国际航空公司，维珍航空以其一贯的高品质服务及勇于创新理念闻名遐迩，其航线遍及世界各大主要城市。如图 1-9 所示，商务客位的座椅选用头等机舱的紧贴型座椅，座位间距达 139~152 厘米，使长途旅行乘客得到更宽敞舒适的空间。航机上设有小型酒吧，各国名酒佳酿尽在其中。航机上餐食的品质能与任何高级餐馆相比。不仅如此，航机上的专业美容治疗师能提供颈部、头部按摩及修甲的服务。同时，维珍航空杰出的服务理念除在航班上体现之外，更延伸至机场大楼。从

图 1-9 维珍航空及其机舱服务（图片来源：网络）

候机到登机，从信息娱乐服务到空间视觉导视，无不体现出航空公司所提供服务的品质、便利和惊喜。

（2）摩拜单车

共享单车是指企业在校园、地铁站点、公交站点、居民区、商业区、公共服务区等提供自行车共享服务，是一种分时租赁模式，是一种新型共享经济。2016 年中以来，国内共享单车形成了井喷式发展态势，摩拜单车就是其中的佼佼者。摩拜单车，英文名 mobike，互联网短途出行解决方案，是一种无桩借还车模式的智能硬件。人们通过智能手机就能快速租用和归还一辆摩拜单车，用可负担的价格来完成一次几公里的市内骑行。正如摩拜官方宣传的那样，人们使用摩拜单车的 7 大理由包括：①百米内约车租车，7×24 小时不间断服务；②手机扫码开锁自行车，千里之行始于举手；③城市公共停车（白线）区域，自由选点畅停无忧；④一秒落锁结束行程，智能系统计费自动完成；⑤颠覆感的共享单车设计，骑行范儿十足；⑥绿色出行，畅享健康低碳骑行新生活；⑦骑红包车能赚钱，领取每个高达 100 元红包。简单来说，摩拜单车创造的是一种“随借随还”“物美价廉”的城市短距离骑行服务和体验（图 1-10）。

（3）星巴克

星巴克（Starbucks）诞生于美国西雅图，靠咖啡豆起家，自 1987 年正式成立以来，从来不打广告，却在近 20 年时间里一跃成为巨型连锁咖啡集团，其飞速发展的传奇让全球瞩目。星巴克旗下零售产品包括 30 多款全球顶级的咖啡豆、手工制作的浓缩咖啡和多款咖啡冷热饮料、新鲜美味的各式糕点食品以及丰富多样的咖啡机、咖啡杯等商品。长期以来，星巴克一直致力于向顾客提供最优质的咖啡和服务，营造独特的“星巴克体验”，让全球各地的星巴克店成为人们除了工作场所和生活居所之外温馨舒适的“第三生活空间”(图1-11)。2017年1月31日，美国咖啡连锁巨头星巴克在该公司的移动应用My Starbucks里推出了一项新的语音助手功能，方便用户通过语音点单和支付。

（4）Airbnb

Airbnb是“Air Bed and Breakfast”的缩写，2017年它还新取了一个很有中国特色的中文名：爱彼迎。Airbnb是一家联系旅游人士和家有空房出租的房主的服务型网站，它可以为用户提供多样的住宿信息（图1-12）。2011年，Airbnb服务令人难以置信地增长了800%。如果把Airbnb的概念抽象一下的话，那它的逻辑是：有空闲的资源就可以出租，就可以提高闲置资源利用率从而获得最大收益。这个逻辑同样可以应用到其他领域上，比较典型的是邀请别人到自己家里进餐的餐饮服务。

图1-10
共享经济下的摩拜单车服务
（图片来源：网络）

图1-11
星巴克“第三生活空间”体验
（图片来源：网络）

图 1-12
Airbnb 闲置房间短时出租模式
(图片来源：网络)

图 1-13
荷兰霍格威“失智照护小镇”
(图片来源：网络)

(5) 失忆小镇

荷兰有一个叫作霍格威的小镇，是全球首家失忆小镇，居住在小镇里的所有居民都忘了自己是谁？来自哪里？事实上，这是一个为患有阿尔茨海默症的老人专门设计建立的大型疗养院式“失智照护小镇”。如图 1-13，这里广场、超市、理发店、电影院、酒吧、咖啡厅等服务和设施一应俱全，全村 250 名全职或兼职的护理人员、医生和专家都扮演成村民，与 152 名失智老人生活在一起，为他们提供 24 小时全方位的照护 。在笔者看来，这不仅是一套充满爱和智慧的服务体系，更是一个创新的、独特的、成功的商业模式。

二、服务设计的定义

1. 现有服务设计定义

什么是服务设计？服务设计的核心是什么？服务设计有边界吗？关于服务设计定义的讨论，目前主要有两个阵营：一个是以教育界、学界为主的学院派，包括商学、管理学、服务学、设计学等学科，以方法和理论研究为主；另一个是以服务咨询公司为主的实践派，注重项目拓展与实践，包括商业服务和公共服务。笔者将目前影响力较大的服务设计定义整理为表 1–1、表 1–2。

教育界、学界关于服务设计的定义 表1–1

学者/机构	时间	关于服务设计的定义或描述
W&G Hollins	1990 年	服务的设计既可以是有形设计，也可以是无形设计。它可以是所涉及的服务及其载体本身，也可以是其他包括传达、环境和行为所引出的物的设计
国际设计研究协会	2008 年	服务设计从客户的角度来设置服务的功能和形式。它的目标是确保服务界面是顾客觉得有用的、可用的、想要的服务；同时服务提供者觉得是有效的、高效的和有识别度的服务
Birgit Mager	2009 年	从客户角度来说，服务设计是致力于使服务界面更有用、可用和被需要。从服务供应方角度来说，服务设计是为了使他们提供的服务更有效、高效和与众不同
代福平、辛向阳	2016 年	服务设计是针对提供商与 / 对顾客本身、顾客的财物或信息进行作用的业务过程进行设计，旨在使顾客的利益作为提供商的工作目的得以实现
中华人民共和国商务部	2018 年	以用户为中心、协同多方利益相关者，通过人员、环境、设施、信息等要素的创新与综合集成，实现服务提供、流程、触点的系统创新，从而提升服务体验、效率和价值的一种设计活动

服务咨询公司关于服务设计的定义 表1–2

公司	时间	关于服务设计的定义或描述
31 Volts Service Design	2008 年	当你面对同一条街上两家紧挨着的咖啡店时，他们以同样的价钱卖着完全一模一样的咖啡，服务设计使得你迈入其中一家的大门而不是另外一家
Continuum	2010 年	服务设计是开发环境、工具还有过程，以帮助雇员传递特定品牌专有的优质服务
Frontier Service Design	2010 年	服务设计是以全局性的方式为商业项目全面地、贴心地了解消费者的需求

其中被广泛接受的服务设计的定义来自国际服务设计联盟主席 Birgit Mager，她指出：“从客户角度来说，服务设计是致力于使服务界面更有用、可用和被需要；从服务供应方角度来说，服务设计是为了使他们提供的服务更有效、高效和与众不同（Mager，Evenson，2008）”。有用和有效是可用和高效的基础，而被需要和与众不同是设计的目标。

从上述已有的概念来看，服务设计把不同学科的不同方法和工具结合在一起，是一种多学科交叉的设计方法。可以说，服务设计是一种新兴的思维方式，但还不是一门独立的学科。而相关学科对于服务以及服务设计的关注，既推动了服务设计实践的发展，又为服务设计理论体系的统一构建提供了难度，所以直到目前为止，在国际上服务设计没有明确且通用的定义。根据国内外学者目前对服务设计的探讨，可以从设计学角度出发，总结如下（陈嘉嘉，2016），服务设计是一种设计全面体验的过程，包含一定的程序与策略；是设计使用价值的整体性系统；是设计有形的或无形的服务媒介的过程；是从用户的角度出发，应用已有的设计流程和技能用以开发服务的过程；是改进现有服务、创造新服务的过程；是设计一种无形经验的过程；是包括产品设计、服务产品设计统一体的系统性解决问题的过程；是一种思维方式和设计方法；在等同情况下，服务设计可以起到决定性差异的作用。

根据以上定义可以归纳出服务设计的“关键词”：有形 / 无形；过程；用户（服务接受者 / 提供者）；环境；有用、可用和被需要；有效、高效和与众不同；体验；系统化、一体化或全局化。这些词都是对服务设计显著特征的描述，是服务设计中的关键要素，是服务的共性。

2. 服务设计的“元语言”

（1）类型学与“元语言”

在尝试重新定义服务设计的时候，需要明确前文梳理得到的服务设计要素之间的关系和逻辑。本文采用类型学以及类型学中关于“元语言”的知识及方法来分析。“类型”是一种分组和归类的方法体系，“元”是类型学中一个最基本也是最重要的概念。在没有分清语言层次的情况下，人们试图用一种语言描述同一种语言，因为用来描述（即用作工具）的语言与被描述的语言相同，内部就存在相同的问题和缺陷，逻辑上的混乱必然导致描述的困难。因此，必须将语言分出层次，这样才能从一个层次来研究和描述另一个层次的语言，这种分层引发出来的逻辑问题即“元逻辑”。在分层次的语言系统中，描述语言的语言被称作“元语言”，也叫“第二级语言”；而被描述的语言被称作“对象语言”及“第一级语言”。

利用类型学理论来研究设计问题，就是将类型学中的语言层次和元逻辑作为基本方法，来指导人们对设计中的各类概念、各种形态、各要素部件等进行分层和定义，最终促进设计创新的活动。服务是“对象语言”，要重新定义和区隔服务设计及与其相关的产品、视觉、空间和体验设计，必须找到服务设计的“元语言”。

（2）服务设计的“元语言”

通过现有定义的梳理，可以找到服务设计中的若干特征和关键要素。在此基础上尝试从“What、How、Why”三个层面出发，将这些要素进一步筛选、整合、排列，如图 1–14。

“What”层面，即“服务设计”的“内容”是什么？“服务设计”首先设计的是“体验”。体验是一种纯主观的、在用户使用产品或服务的过程中建立起来的心理感受。美好的、比预期更好的体验是判断一个服务能否成功的首要因素。其次，“服务设计”设计的是“行为”。“行为”是指受思想支配而表现出来的外表活动。任何体验都需要通过心理活动和身体的行动来获得。再次，“服务设计”设计的是“过程”，包括服务生产、交易和消费有关的程序、任务、日程、结构、活动和日常工作，是服务的过程，也是行为和体验的过程。基于“最终产物”和“内在结构”就是“元语言”的定义描述，笔者认为：服务设计的“元语言”是“体验”“行为”和“过程”这三者所形成的稳定的、相互关联的并有内在逻辑的整体概念。之所以强调服务设计的“元语言”是这三者的整合，一方面这三者缺一不可，对于服务而言均有重要意义，另一方面也需要与纯粹的“体验设计”作区隔（体验设计的“元语言”也不能简单的描述为“体验”，而应该是产品或服务的“可用性”“易用性”，本文不作详述）。在明确了服务设计的“元语言”之后，服务设计中的其他要素就相对比较容易归类和分析了。

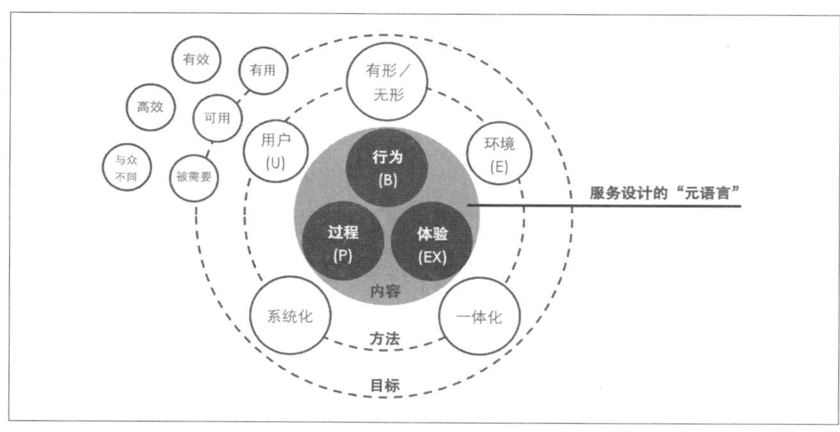

图 1–14
服务设计的“元语言”

“How”层面，即“服务设计”的流程和方法。在这个层面，笔者罗列了“用户”“环境”“有形或无形”“系统化”“一体化”五个关键词。这里的“用户”包括服务接受者和服务提供者，延展开来还可以包括与服务相关的所有“利益相关者”，这与其他类型的设计是有显著不同的。这里的“环境”特指服务场景，也就是服务设计最终产物（体验、行为、过程）发生时所处的物理或虚拟环境。“有形或无形”是服务设计和体验设计区别于其他类型设计的一个重要特征和方法。在设计概念被泛化的今天，无论产品或服务，都有可能是有形或无形的，更可能是两者的有机结合。方法层面的最后两个关键词“系统化”和“一体化”事实上是一个含义，即强调服务设计是一种整合设计的思维。

“Why”层面，即“服务设计”的目的和目标是什么？从服务接受者角度来说，服务设计的目标是让服务变得有用、可用和被需要，这样的服务才是符合消费者需求的，才是吸引人的；从服务提供者来说，服务设计的目标是让服务变得有效、高效和与众不同，这样的服务才是更具备竞争力的，才能创造商业上的成功（就商业服务而言）或服务效果上的显著提升（就公共服务而言）。

综上所述，将服务设计的显著特征和关键要素按照“内容”“方法”和“目标”这个逻辑归纳之后，服务设计的“元语言”找到了，服务设计再定义的基本方向就明确了。

3. 服务设计再定义

受心理学启发，拟从心理学场论的角度尝试解释服务流程中“人”（服务接受者／提供者）的“行为”和服务发生“环境”的关系。心理学场论是 K·勒温根据拓扑学和物理学概念于 1936 年提出的心理学理论，核心主张是“生活空间”，即个人进行活动的任何空间都是一个心理场，而这个场内的全部情况（如时间和空间）决定了身处其中的个人的行为。也就是说，心理场可以分解为个人和环境两个主要成分，个人是主体，环境是客体。如图 1–15 所示，行为是个人和环境的函数。

心理学场论描述的是“个人／群体”“环境”和“行为”三者之间的关系，这正好对应了服务设计中“用户”“服务场景”“行为、过程或体验”这几个关键或核心要素。由此，笔者借助心理学场论理论将服务设计重新定义为：从用户（服务接受者／提供者）角度出发、结合服务环境／场景（线上和／或线下）、以有形和／或无形的方式

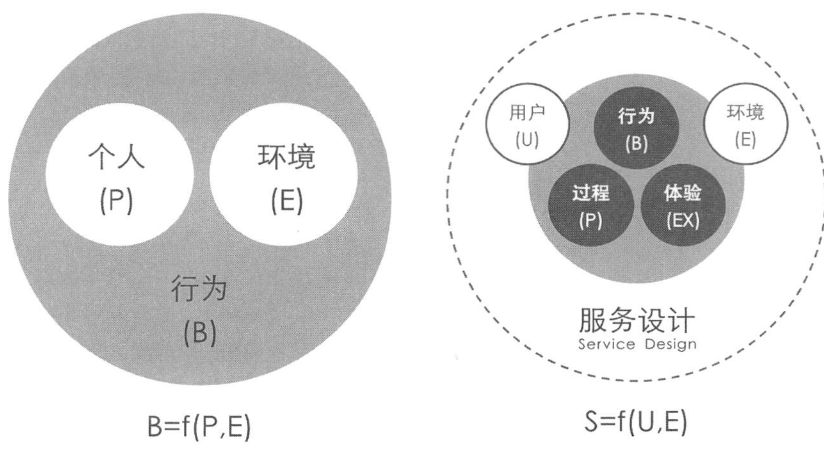

图 1-15　勒温的心理学场论

图 1-16　“有核无界”“聚核柔边”的服务设计

进行的行为、过程和体验的系统化设计，使服务变得有用、可用和被需要，以及高效、有效和与众不同。这个定义用相对简练的文字描述了服务设计的内容（即服务设计的“元语言”）、方法和目标，同时体现了“用户”“服务场景”“行为、过程或体验”三者之间的关系。简而言之，服务（S=service）设计就是对服务环境（E=environment）中用户行为（U=user； B=behavior）、服务过程（P=process）及体验（EX=experience）的系统化设计（图 1-16），用公式表达即：S=f（U，E）（注：S= B，P，EX）。

这个定义较前人定义的显著区别在于强调了“服务场景”即“环境”对“用户行为”和“服务过程及体验”的影响。以当下火爆的新零售行业创始品牌盒马鲜生举例来说，该服务设计的本质是线上线下结合的生鲜产品零售及餐饮服务系统设计。运用大数据、移动互联、智能物联网、自动化等技术及先进设备，实现人、货、场三者之间的最优化匹配，从供应链、仓储到配送，都有自建的完整物流体系。这里的“服务环境”包括同样基于互联网、物联网技术的线上购物场景（电商平台、直采系统等）和线下实体消费场景（门店空间、货架、运输链、自助柜台、配送站等）；这里的“用户行为”也不局限于作为服务接受者的购物及用餐，还包括作为服务提供者的配货及配送等内容；而 30 分钟内快速配送、店内的金属运输链（链路数字化系统的一部分）、即时烹饪等服务则是从“服务过程及体验”角度对优质服务本身的支撑和拓展。

无论是摩拜单车、Airbnb、失忆小镇还是盒马鲜生，背后都包含了严谨的商业模式设计、复杂的利益相关者协调，这必然是一种跨领域、跨专业、高度一体化的系统设计。从服务设计的再定义中，可以得到两个启示：

（1）服务设计的核心内容和最终产物包括行为与体验，是心理学中两个非常重要的基本概念。服务设计是一个新兴的跨学科专业领域，除服务学和设计学本身以外，还包含了心理学、社会学、人类学、管理学等学科门类的知识，而在这些支撑学科中，心理学无疑是举足轻重且不可替代的一个部分。

（2）服务设计虽内涵（元语言）明确，但外延宽泛、模糊，可以说，服务设计具有明显的“有核无界”“聚核柔边”的特征。“无界”和“柔边”描述的都是服务设计在研究范式和方法上因前瞻性、跨界性和交叉性所带来的“多元可能性”，这就要求服务设计在执行层面更应强调价值共创、开放设计和协同创新。

三、服务设计的要素与原则

1. 服务设计的五要素

传统的工业设计和产品设计关注产品本身以及用户与产品之间的关系，相比之下，服务设计的关注点要多得多，即服务设计的 5 个要素（罗仕鉴、朱上上，2011），分别是：

（1）价值（Value）。不同的服务将会创造不同的价值，价值主张和创造是服务设计需要考虑的最高层次因素。只有那些能将企业能力和兴趣与顾客需求契合在一起并实现 1+1>2 的价值创造的设计才是成功的服务设计。

（2）人（Person）。服务设计以“人”为中心，“人”是服务设计的出发点，也是终点。服务设计中的“人”既包括最终使用者（服务接受者），也包括服务提供者，以及合作伙伴、供应商等利益相关者，他们都是互惠互利的合作关系。

（3）对象（Object）。服务设计的对象即服务设计“设计”什么？诚如前文服务设计案例和现有定义所示，服务设计的对象相对比较复杂，主要包括服务过程所需的平台、流程、产品、设施、工具，甚至是体验，这些都是服务生产和服务消费活动的载体，也是服务过程中的参与者和互动对象。

（4）过程（Process）。如服务设计的“对象”中讨论的那样，对于过程和流程的设计是服务设计区别于其他设计门类的一个很重要的特征，有些服务的过程是很简单和短暂的，有些则是很复杂的。

（5）环境（Environment）。有时也称之为情景或情境（Scene），是服务发生的地点或空间。这里的环境可以是物理的、有形的环境，如餐厅、医院、银行等，也可以是数字的、无形的环境，如网络平台、虚拟展厅等。

2. 服务设计的五原则

同样，基于大量的案例和讨论，Schneider Jakob 和 Marc Stickdorn（2011）总结出服务设计的 5 个原则供服务设计师参考：

（1）以用户为中心（User-centered）。以用户为中心的服务设计就是以用户需求和体验为出发点所做的设计，通过用户观察、问卷、焦点小组访谈、同理心、角色扮演等用户研究方法和工具来了解顾客的真实的和潜在的需求，从而开发他们想用、能用和易用的服务产品，而不是盲目地设计出需要用户学习和适应的产品。

（2）共同创造（Co-design）。服务设计前期，组织所有利益相关者，也就是多角色利益相关者，如顾客、服务人员、企业管理人员、服务设计师、第三方供应商等共同参与服务的创新，一起来讨论并且参与设计新的服务内容、流程等。需要注意的是，在 Marc Stickdorn 和 Jakob Schneider 的描述中，“共创”是“Co-design”，可以直译为“共同设计”“协同设计”。在笔者看来这也是包括服务设计在内的所有设计形式或门类都应该遵循的一种设计原则。

（3）服务表现形式（Service Evidence）。一般来说，产品是有形的，服务是无形的。因此，无形的服务必须通过有形的、视觉化的、可触摸的各类有形产品形式来呈现，这样才有利于设计共创者在策划阶段的沟通和优化，也有利于服务在生产、传递和消费阶段被用户所感知并使用。

（4）流程设计（Process Design）。服务设计是一项连续的、完整的流程的设计，包括服务前、中、后的整体逻辑关系以及流程中每一个接触点的设计。

（5）系统设计（System Design）。从服务科学角度来看，服务是一项系统工程，有前台和后台，有内部管理和外部管理，有用户可以接触到的和用户没接触到的，这些都可以成为系统内一个个独立的“子系统”，子系统与大系统、子系统与子系统之间都存在着千丝万缕的联系（尹思琪、马海群，2008），只有将服务、产品或企业的价值主张和品牌理念始终如一地贯穿于流程中的每一个接触点，才有可能保持系统的完整性。

四、服务设计的流程与工具

1. 双钻石流程

双钻石（Double Diamond）理论是由英国设计委员会（British Design Council）在 2005 年发表的学术性方法论。因其由两个菱形组成，形似两颗钻石，因此被命名为“双钻石”流程或“双钻石”模型，有时也简称“双钻”。

双钻模型是一种设计中非常通用的模型，不单单可以用在服务设计领域，也可以用于其他设计领域。它同时是一个分析问题的工具。该模型主要分为四个阶段：探索、定义、发展和执行，如图 1–17。

具体来看这四个阶段的任务，如图 1–18：

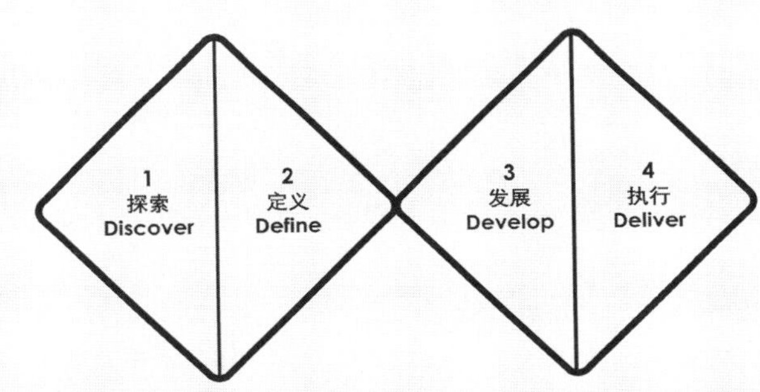

图 1–17
双钻石模型

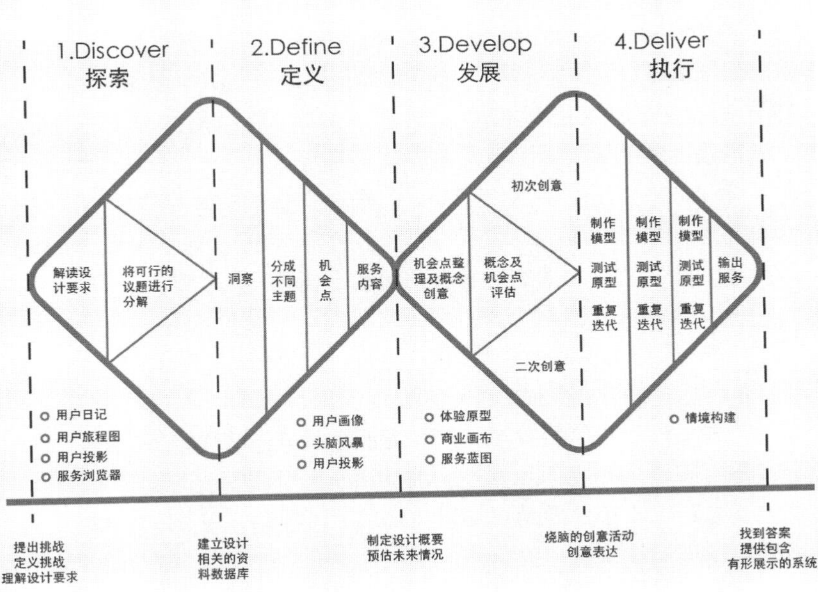

图 1–18
双钻石模型四阶段任务

（1）探索（Discover）阶段

该阶段从用户和企业角度出发，通过文化分析、场景模型、用户访谈、焦点小组和伴随观察等手段来探索用户，以便发现问题、用户需求及服务机会点。这是一个发散的过程。这一阶段要求服务设计师忘掉自己的使用经验，以一种全新的视角，类似游客的心态去观察、注意新事物，并从中获得灵感。

需要强调的是，除用户需求洞察以外，企业或品牌诊断也是必不可少的。通过对决策者访谈、价值定位、服务和竞品分析，从项目视角延伸到行业或者生态视角，有助于提升设计师的认知边界。相关性信息掌握得越多越有利于后续的产品或服务开发。

（2）定义（Define）阶段

该阶段对上一阶段探索进行分析，定义出所能提供的服务与活动细节，并归纳上一阶段的结果，简化成机会点。这个阶段是对产品战略、产品意义的重新认识和定位，是一个收敛的过程。

此外，还需要梳理并确认各个利益相关者。确保新的机会点都是他们感兴趣和想要的内容。也就是说，在产品或服务定义之前或之后，同样重要的任务是需要精准定义用户。

（3）发展（Develop）阶段

有时也可以叫设计阶段、深入阶段。该阶段将进入另一个发散的过程，主要是进行开发设计与提出解决方案。

问题的解决本身可能有多种路径。有的方案基于问题，把存在的问题处理得很好，是保守型方案；有的方案基于创新，带来很多惊喜，属于创新型方案；还有的方案关注用户情绪，在以用户为中心的基础上进行设计，是关注用户体验的方案，等等。

设计师需要将服务方案可视化，通过选择或设计相应的有形的展示来实现，并进行小范围的原型测试，基于测试结果，再进行服务设计方案的优化，以此来找到解决问题的最佳路径。

（4）执行（Deliver）阶段

也可以叫作实施阶段、传递阶段。

首先，该阶段需要寻找将产品或服务推至市场的合理路径。设计方案是否符合企业或品牌的战略目标和发展阶段？是否与企业的实际能力契合？这些都需要用更接近市场的方式进行反复测试和推敲，以找到当前落地实施的有效办法。

其次，本阶段还需要为产品或服务建立相应的使用评价与反馈机制。通过反馈机制与服务使用者进行良好的沟通，并不断地修改及完善某种服务或某个服务系统。通过反馈者与其他利益相关者保持联系，以确保某种服务或某个服务系统能一直满足其商业或社会需求。

2. 双钻石流程的特点

双钻石流程 / 模型作为一种方法，展现了整个项目的设计过程，帮助设计师非常精炼地将整个设计过程视觉化，让项目的思路一目了然，因此备受设计界的喜爱。

不仅如此，双钻石流程还在以下两个方面改变、弥补或修正了以往设计流程中的弊病：

（1）同时关注用户和企业能力。服务设计是用户旅程和企业服务能力的结合，服务的生产和消费是同时进行的，服务的体验取决于服务提供的能力、质量、场景、过程等多种因素，因此必须同时关注服务接受者和服务提供者，甚至是包括其他利益相关者在内的多个维度。

（2）在双钻石流程中，设计师可以通过探索的方式思考更多的可能性，然后再收拢，整个过程有清晰的节点意识和工作流程。方案探索可以看到更多解决方案路径，有利于最后找到最佳路径。值得注意的是，前期发散的过程（包括探索阶段和发展阶段）可能会提出比较多且无意义的信息和方案，从而一定程度上带来解决问题速度不够敏捷的缺点。因此需要很好的掌控和平衡多个发散和收敛的过程。

3. 双钻流程中的服务设计工具

服务设计的工具和方法有很多，大都来源于其他学科。到目前为止，相关专著中列举的工具主要来自由米兰理工大学的塔西整理制作的一个以“服务设计工具”命名的分享网站（http：//www.servicedesigntools.org），该网站收集了大量与用户研究、服务创新和服务设计相关的工具，并按照设计活动（Design Activities）、陈述或表现（Representations）、接受者（Recipients）和内容（Contents）四个板块分类整理。其中不同板块中的方法会有所重叠，即同一方法可能适用于不同的利益相关者，如服务接受者或服务提供者，也可能适用于服务创新活动的不同阶段。

从典型的服务设计双钻石流程出发，可以把常用工具大致分类整理在先后四个阶段。具体的工具模板和使用方法，本书不再赘述。

（1）发现和探索阶段。该阶段可以运用的服务设计工具有：角色扮演、设计游戏、乐高剧、思维导图、问题卡或亲和图、（现有服务的）顾客旅程图、（现有服务的）用户体验地图等。以上方法被归纳为共同设计（Co-design）概念，需要多角色利益相关者的高度参与。

（2）定义和策略阶段。该阶段可以运用的服务设计工具有：用户画像、移情图（同理心地图）、头脑风暴、利益相关者地图、商业模式画布等。

（3）发展和设计阶段。该阶段可以运用的服务设计工具有：情境构建、情绪板、服务系统图、（服务优化后的）顾客旅程图、（服务优化后的）用户体验地图、故事板、服务蓝图、接触点表、商业模式画布、讨论原型等。

（4）执行和传递阶段。该阶段可以运用的服务设计工具有：服务原型（包括走查原型、模拟原型和领航原型）、可用性测试、认知演练、角色剧本、说明书（服务手册）等。

需要指出的是，事实上服务设计的工具远不止这些。一方面，因不同服务领域以及不同服务创新项目的需求，原有的这些工具在实际运用过程中或多或少都会被设计师加以有针对性地优化，以应对特定项目的特定需求；另一方面，目前国内外不少专注于服务设计和咨询的公司在大量的商业案例实践过程中还在不断地探索和创造新的服务设计工具，经过反复验证成熟后也会作为设计方法和知识进行输出，这一方面美国 IDEO 公司（www.ideo.com）和中国上海 BIGmind 创新咨询公司（www.bigmindsd.com）都是很好的案例。

[第二章]

产品服务系统的定义

第一节　产品服务系统的背景

一、有计划废止制带来的环境恶化

“有计划废止制”也叫“有计划的商品废止制”，是 20 世纪五六十年代，为满足商业需要而采用的样式主义设计策略，在汽车设计领域表现得最为突出。由通用汽车公司设计师厄尔和斯隆所指定的“动态废止制”逐渐演变而来。

通用汽车公司总裁和设计师为了不断促进汽车销售，在汽车设计中有意识地推进一种制度：要求人为的限制产品的使用寿命，在设计新的汽车样式时，必须有计划地考虑以后几年间不断更换部分设计，每3~4年有一次大的变化，造成有计划的“式样”老化过程或功能废止，即“有计划废止制”，从而促使消费者的不断购买和更新产品。

具体来看，“有计划废止制”主要表现在三个方面：

①功能性废止，即使新产品具有更多、更新的功能，从而替代老产品。

②款式性废止，即不断推出新的流行风格式样和款式，致使原来的产品过时而遭消费者丢弃。

③质量性废止，即在设计和生产中预先限定使用寿命，使其在一定时间后无法再使用。

总之，其目的在于以人为方式有计划的迫使商品在短期内失效，造成消费者心理老化，促使消费者不断更新，购买新的产品。在美国及全球，“有计划废止制”的设计观念很快涉及包括汽车设计在内的几乎所有产品设计领域。一方面，企业加快产品更新迭代、推动了工业设计的发展。另一方面，也导致了传统制造业人力成本提高、原材料资源消耗量增大、同行竞争压力变大、自然环境恶化。越发强烈的环保呼声迫使各企业不得不寻求新的发展机遇。

二、互联网背景下的共享经济

随着近代工业文明发展给环境带来的危害日益明显，并危及人类子孙后代的生存需要，人们开始为此反思，寻求新的发展方式。“可持续发展”一词首次出现在 1980 年国际资源和自然保护联合会编写的《世界自然资源保护大纲》中，低碳、绿色的“可持续理念”随后逐渐成为国际社会的广泛共识，也深深渗透进生活的方方面面。与此同时，社会经济形态也逐渐从商品经济向服务经济、共享经济和体验经济迈进。

当今社会，人们日益增长的需求跟短缺的资源供给之间的矛盾越来越尖锐，促使经济模式的转变，现代工业设计的核心将产品造型设计转向提供产品和服务集成的综合解决方案。共享经济就是其中一种方式。

共享经济是指拥有闲置资源的机构或个人，将资源使用权有偿让渡给他人，让渡者获取回报，分享者通过分享他人的闲置资源创造价值。在共享经济中，闲置资源是第一要素，也是最关键的要素。它是资源拥有方和资源使用方实现资源共享的基础。

2010 年前后，随着 Uber、Airbnb 等一系列实物共享平台的出现，共享开始从纯粹的无偿分享、信息分享，走向以获得一定报酬为主要目的，基于陌生人且存在物品使用权暂时转移的“共享经济”。从狭义来讲，共享经济是指以获得一定报酬为主要目的，基于陌生人且存在物品使用权暂时转移的一种商业模式。共享经济的五个要素分别是：闲置资源、使用权、连接、信息、流动性。共享经济关键在于如何实现最优匹配，实现零边际成本，要解决技术和制度问题。

体验经济是服务经济的延伸，是农业经济、工业经济和服务经济之后的第四类经济类型，强调顾客的感受性满足，重视消费行为发生时顾客的心理体验。体验是一个人达到情绪、体力、精神的某一特定水平时，意识中产生的一种美好感觉。它本身不是一种经济产出，不能完全以清点的方式来量化，因而也不能像其他工作那样创造出可以触摸的物品。所谓体验，就是企业以服务为舞台、以商品为道具，环绕着消费者，创造出值得消费者回忆的活动。其中的商品是有形的，服务是无形的，而创造出的体验是令人难忘的。

由于用户更多关注产品带来的服务和体验，设计师需要了解用户的使用需求和情感需求，统筹有形的产品和无形的服务，越来越多的制造商正以全产品生命周期的视角，从产品扩展至产品的使用过程、维护升级、配件市场等。产品服务系统可以帮助企业实现资源优化配置和社会可持续发展。

第二节　产品服务系统的定义及发展

一、狭义的产品服务系统定义

1994 年，联合国环境规划署（UNEP）提出产品服务系统（Product Service System，简称 PSS）理念：产品、服务、网络以及组织结构所组成的有竞争力的系统。

全球最大的非营利性专业技术学会——电气和电子工程师协会（Institute of Electrical and Electronics Engineers，IEEE）也曾给出过一个更具体的定义：产品服务系统是一个由产品、服务、参与者网络及基础设施组成的系统，用于满足顾客需求并具有比传统商业模式更少的环境危害。

上述两个定义，一个由联合国环境规划署提出，另一个在概念中明确将“减少环境危害”作为PSS的目标。可以看出，PSS概念的提出，其初衷是“可持续的消费”，用户可以不拥有实质的物理产品，而获得使用产品的过程或结果，企业为顾客提供最大价值的产品和服务组成的整体解决方案，以此来降低对物质材料的消耗，最终达到生态环境的可持续发展。这也是狭义的“产品服务系统”定义。

二、产品服务系统的研究与发展

1. PSS 理论体系研究

在生产与消费层面，Roy（2000）认为：PSS 的核心主张是鼓励企业从提供物质形态的产品给消费者转变为提供产品的功能或结果，从而用户可以不必拥有或购买物产品本身。White 等人（1999）和 Abed（2006）也指出：PSS 理念促进了传统生产和消费模式的转型，顺应了可持续社会发展的需求，对经济、社会、环境都具有重要的意义。

在设计与操作层面，Mont 和 Tukker（2006）从系统论的角度出发，强调 PSS 将有形的产品和无形的服务有机结合在一起，以此来解决环境问题。江平宇、朱琦琦（2008）进一步指出：PSS 整合各方资源来满足用户需求，通过增加服务和减少消费过程中的物质流，从而实现对环境的友好。

在生态与资源层面，米兰理工大学 Manzini 教授（2003）认为：PSS 具有潜在的生态功效，它将以往分散的资源优化转变为单个产品生命周期内的资源优化，进而到更广泛的、系统的资源优化。

除上述学者的研究之外，近年来，武汉理工大学学者韩少华和陈汗青在前人基础上，通过对 PSS 关键文献进行更为系统的梳理，将这一理论体系的概貌呈现出来（2016），包括四个方面：PSS 源起于可持续诉求；PSS 倡导产品服务化； PSS 强调落地性和实践性；PSS 的检验标准。

(1) PSS 源起于可持续诉求

半个世纪前，Becker 已提出要将思路从“提供产品”转向“提供服务”。但在当时经济大繁荣背景下，企业普遍通过提高产量来获取更大效益，全社会也已习惯于通过不断的物质消费来促进经济的发展。这使得“产品服务系统”的萌芽一直不能开花结果。

随后 Levitt（1969）指出用户购买的不是产品本身，而是购买对产品所带来的效益的期望。

Mulvey（1981）在提交给欧盟委员会的报告中首度指出：“通过买卖产品的使用权而不是产品，可以创建新的就业机会并有效降低能源消耗。”

自 20 世纪 90 年代开始，环境的恶化使得率先进入工业文明的欧洲国家开始从探索减少生产工艺中的污染开始，呼吁清洁生产。在此背景下世界可持续发展工商理事会则将讨论引领至服务和产品对环境影响的差异。

学界的研究重心也逐渐转向了“对当时的社会生产消费系统所包含的产品和服务成分以及其相互关系进行分析和界定”，并指出解决方案要兼顾到“产品的生产”和“消费模式”这一供求两端。

而产品和服务的融合，在某种程度上也得益于信息通信技术的接口作用（Geum，2011）。Manzini 认为通过提供产品和服务的综合性解决方案，企业可以获得竞争优势和环保利益。时至今日方逐步形成共识：提供产品和服务集成解决方案对于企业提高资源利用效率和竞争力而言，具有经济、社会和环境等多方利好。

(2) PSS 倡导产品服务化

1999 年 3 月荷兰学者 Goedkoop（1999）等四人在荷兰经济和环境部的支持下完成了题为《产品服务系统——生态和经济基础》的首创性论文。定义了产品服务系统的基本概念，并给出定量分析和定性分析的模型与工具，为后续产品服务系统相关研究提供了理论基础和研究方向。

Mont（2001）对产品服务系统的研究贡献指出产品服务系统是商业企业的可选经营策略，虽然企业所提供的服务本身的环境效益不一定明显，但用服务成分替代部分产品实体，则是绝对可以减少物质的使用，从而降低对环境的危害。

米兰理工大学 Manzini 和 Vezzoli（2002）在联合国环境规划署的项目报告中定义“产品服务系统是通过战略创新将商业活动焦点从只设计出售实物产品，转移到设计出售具有满足特定客户需求的综合能力的产品和服务”。

Brandstotter（2003）则认为“产品服务系统也力求达到可持续发展，这意味着经济、环境和社会方面的进步”。

Tukker（2006）呼吁学界加大对产品服务系统实施后所带来的环境效益和商业竞争力进行专业的评估。

Baines（2007）等进一步指出产品服务新系统的逻辑前提是利用设计师和制造商的知识增加输出物的价值，降低对材料和其他消耗物的输入。

Vezzoli 教授自 2002 年开始不断修正产品服务系统设计的定义，其突出的“利益相关方之间的创新互动”和“提供满意单元”也为相应的策略设计提供了方向。

（3）PSS 强调落地性和实践性

随着对产品服务系统的概念与解释越来越明确后，对产品服务系统包括设计程序在内的设计策略型理论的研究也逐渐发力。欧盟委员会资助 ME 产品服务系统项目、SusProNet 项目所产出的相关策略工具包对后续研究提供了强大的工具支持和方向探索。Maxwell 与 Van der Vors 设计的可持续产品 / 服务开发工具 SPSD（Sustainable Product and/or Service Development）通过较为程式化的研发工具与设计流程，可以很准确地紧扣全生命周期内产品与服务的关键设计特性。Lamvik（2002）则选择从“物质流闭环”出发，重点研究了“以使用为导向的产品服务系统”，提出了从“环境建立、商业观点、环境效率与环境效益”等方向启动相关设计。Weber（2004）利用“优先级驱动设计发展”（PDD，Property-driven Development）的方法，藉由分析所处环境的要求来明确产品的本质属性，进而将产品的特性合成进所设计的产品服务系统；Tukker 与 Tischner（2006）则再一次明确了产品服务系统的设计理念与开发策略，对可行的设计工具和可介入的应用领域做了现状描述和分析；Sakao（2008）等人的设计模型则是将服务探知和图形可视化的结合做了相关尝试；Sakao 与 Lindahl（2009）随后又对产品服务系统与产品生命周期设计做了整合尝试。

（4）PSS 的检验标准

在案例研究中，学者介入最多的是对环境的考虑，并通过对实践的分析，再次修正相关理论研究。Morelli 基于对电信业运行机制的思考和发展方向的把握，通过开发相关设计工具辅助设计师以产品服务系统设计的思维去开发新的电信系统（Morelli，2003）；Manzini与Vezzoli通过分析意大利获奖产品服务系统设计案例，提炼出产品服务系统的特性：增加产品生命周期价值、提供最终结果给消费者、增强消费者沟通平台（Manzini and Vezzoli，2003）；Tukker与Tischner则对SCORE（Sustainable Consumption Research Exchanges）进行了分析研究，以检验产品服务系统是否真正能够提升系统的生态效益和商业竞争力（Tukker and Tischner，2006）；Cook等人通过分析英国的环境现状，有针对性地开展了支持产品服务系统概念落地的方法与策略的相关研究（Cook 2006）。

2. PSS 理论行业运用

当PSS理论与行业相结合，就产生了“服务型制造”这一新领域。

为了实现制造价值链中各利益相关者的价值增值，通过产品和服务的融合、客户全程参与、企业相互提供生产性服务和服务性生产，实现分散化制造资源的整合和各自核心竞争力的高度协同，达到高效创新的一种制造模式，即服务型制造。

到目前为止，服务型制造的发展共经历了四个阶段：

① 20世纪70年代以后，发达国家纷纷进入了服务社会阶段，这集中凸显在第三产业的产值和就业超过了国民经济的一半以上。

② 20世纪90年代初，以GE、IBM等为主导的公司率先进行由产品向服务转型的尝试。同时，学术界提出了面向服务的制造和服务嵌入制造的原始概念。但此时的服务型制造的概念还停留在传统的供应链、库存管理和柔性化生产的阶段。

③ 2005年以前，经济转型的浪潮中，提出要发展以面向生产的服务业，虽然关注点仍然停留在服务部门，但服务业与生产融合已经成为明显的趋势。

④ 2006年以后，国内的学者正式提出了服务型制造的概念并进行了较为系统化的理论构建。在制造业转型的历史背景和商业潮流的共同驱使下，服务型制造的概念有了更为广阔的内涵和外延。

服务型制造是基于制造的服务和面向服务的制造，是基于生产的产品经济和基于消费的服务经济的融合。从传统的单一生产、售卖产品转型为向用户提供更丰富、更高价值的问题解决方案，在改变企业组织机构模式的同时，也改善了客户关系和消费者体验，从而提高企业运作效率、降低产品生产成本、提升企业自身竞争力。产品服务系统有三个关键驱动因素，分别是价值因素（企业满足顾客的需求）、盈利因素（企业自身的竞争力、差异化因素）和可持续因素（环境、经济、社会可持续），这同时也是从用户、企业以及社会三个角度出发界定和衡量产品服务系统的指标，从以往单方面考虑企业利润的角度，转变为开始关注从顾客角度出发的价值以及承担社会环境的责任。

三、广义的产品服务系统概念

如果说，狭义的产品服务系统是指“由产品、服务、参与者网络以及组织结构所组成的有竞争力的系统，以服务使用代替产品购买，从而减少环境危害”的话，那么，广义的产品服务系统则不局限于环境和生态的可持续，还可以是面向经济（商业）、社会和文化的可持续，详情可参见第三章第三节。

需要强调的是，广义的产品服务系统比较容易与纯服务混淆。因此需要进一步明确产品、产品服务系统、服务的边界。

关于产品、产品服务系统、服务的分类，目前普遍被大众接受的方式是由 Tukker 和 Tischner 两位学者在 2006 年提出的方法，通过产品和服务相融合的视角阐述产品、产品服务系统、服务三者之间的关系，体现在实现价值的方式从侧重产品，转变至产品加服务，最后到纯服务。

藉由生活中的大量案例可以发现，纯产品与产品服务系统之间的边界在于：产品本身是否具备增值服务，且该服务必须依赖特殊技术来实现？否为前者，是为后者。而产品服务系统与纯服务之间的边界在于：价值创造的过程中是否需要通过使用某一特定产品？是为前者，否为后者（图 2–1）。因此，就“产品—产品服务系统—服务”整体而言，除服务产生的价值依次增加以外，对系统中产品技术的要求依次排序为：产品服务系统 > 纯产品 > 纯服务；对系统中参与服务人员的专业能力素养要求则是：纯服务 > 产品服务系统 > 纯产品。

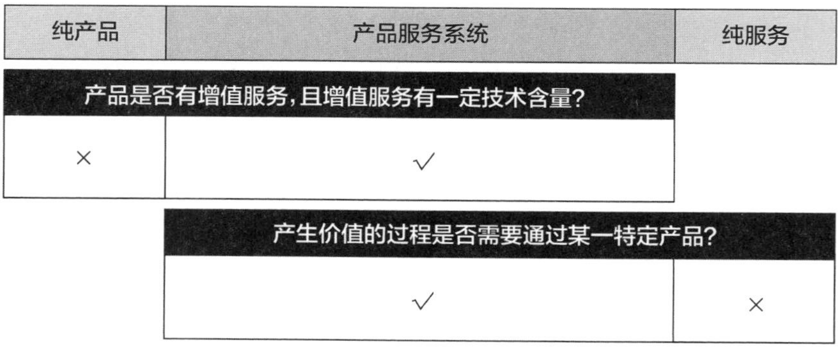

	纯产品	产品服务系统	纯服务
产品是否有增值服务，且增值服务有一定技术含量？	×	√	
产生价值的过程是否需要通过某一特定产品？		√	×

图 2–1
纯产品、产品服务系统及纯服务的划分因素

总而言之，无论是以哪个层面为目标的可持续系统，广义 PSS 与狭义 PSS 都具有以下特征：

①系统由有形产品和无形服务共同构成；

②产品与服务的比重因系统目标及资源条件不同而不同；

③系统中的产品不是一般的、常规化的产品，一定是因服务的加入而经过重新设计的特定产品。

四、作为企业战略的产品服务系统

从产品服务系统的定义可以看到，对于企业尤其是制造型企业而言，从提供产品转向（或部分转向）提供服务，企业需要做的事变得不同，企业形态也会随之发生改变。这就意味着企业需要进入一个新的领域，需要改变企业战略。这时必须要考虑诸多限制因素，比如企业在这个领域有没有竞争力？业务部门和员工有没有足够的知识去拓展并实施相关服务？

回到服务设计，我们通常把服务设计看作一个金字塔（图 2–2），它解决的问题有三个层级：

①底部层级是服务触点的设计，也是与设计领域中既有专业比较契合的，例如通过空间、产品和视觉等方式去改善服务的体验。

②中间层级是服务流程的设计，例如服务的过程、方式，先做什么、后做什么？触点如何分布，怎样使用？哪些环节会有惊喜？等等。

③顶部层级是商业模式的设计，对于企业而言，商业模式是战略性决策，与企业的中长期目标相关。

因此，作为企业战略的产品服务系统创新，就是企业的商业模式创新。举两个例子：

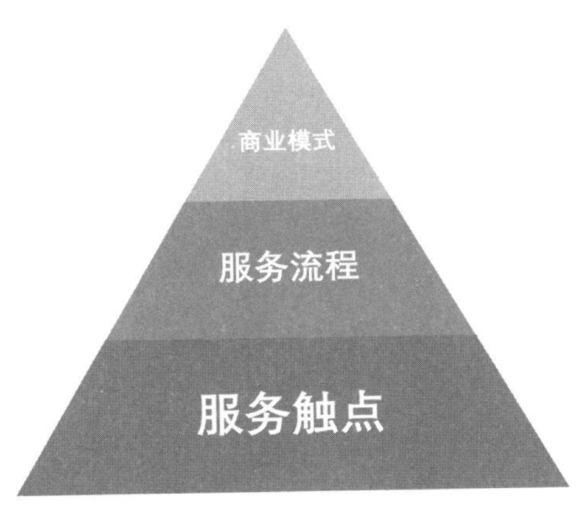

图 2–2
服务设计金字塔

IBM 是百年品牌（图 2–3），过去是制造和销售电脑的，后来转型为提供结果导向型产品服务系统的企业，它把利润相对较低的个人电脑的业务卖给了联想，转而提供高价值、高利润的整体解决方案服务。这是一个战略选择，IBM 选择了做商业服务，离消费终端也逐渐产生距离。

再看苹果公司，它还是产品导向型产品服务系统，苹果卖产品给用户，并且卖各种产品服务给用户，包括电脑、平板、手表等，通过系统将这些产品连接整合起来，然后不断地卖服务，例如 iCloud、iTunes 等服务。因为有了这些服务，苹果产品的价值更加凸显，体验更美好，用户忠诚度也越来越高，同样可以获得高额利润。这种企业战略的选择与 IBM 完全不同，高度依赖终端产品和消费场景的模式，需要不断改变和优化用户端的服务流程。所以苹果公司改变了传统的、货架式的电脑销售方式，建立了更能凸显苹果品牌和产品品质的 Apple Store（图 2–4）。

综上所述，产品服务系统是企业的战略转变，是商业模式的设计。有转变就会有风险，这里的风险来源于服务悖论现象的挑战。

悖论是表面上同一命题或推理中隐含着两个对立的结论，而这两个结论都能自圆其说。简单来说，悖论就是对立，就是矛盾。具体来看产品服务系统的服务悖论，制造型企业最初转变成服务型企业的时候，利润会降低。造成这种情况的原因很多，主要还是服务

图 2–3
IBM 的业务转型
（图片来源：网络）

图 2–4
苹果的产品及服务体验
（图片来源：网络）

知识、技能和经验的欠缺，没有专业队伍就做不好服务，投资效率就会下降，这是非常正常的。只有当服务收入占企业总收入达到一定比例的时候，利润才会升上去，在这之前都是下降的。这就是服务悖论。因此，企业必须慎重考虑和选择是否转型，转型过程中能否抵御利润下降的风险。

[第三章]

产品服务系统的分类

产品服务系统是由产品和服务共同组成的复杂系统。在产品服务系统的发展理论中，类型定义和划分标准是研究热点，呈现出了多种既有关联又有区隔的分类结果。

Hockerts（1995）以系统中产品和服务的价值占比为依据，将产品服务系统分为“产品导向”“服务导向”和“结果导向”三种类型。Roy（2000）通过分析系统所提供的结果与功能，将产品服务系统分为“结果服务”“分享效用服务”“延长产品寿命服务”与“需求端管理（减少需求）”四大类。Bartolomeo（2003）则倾向于将产品服务系统划分为“以产品为基础”“电子化取代”与“以信息为基础”三大类。Cook（2006）则以竞争优势对产品或服务依赖程度的不同及交易过程中产权是否发生转移为依据，将产品服务系统划分为“面向产品”“面向方案”“面向应用”和“面向效用”四个类别。

本书将具体介绍三种重要的分类方法：

①以产品和服务价值占比为依据的“PSS 三导向分类法”；

②以系统成本和过程效率为准绳的“PSS 成本效率分类法”；

③以系统目标为出发点的“广义 PSS 分类方法”。

第一节　以产品和服务价值占比分类

一、PSS 三导向分类法

目前在分类上最被广泛接受的，是米兰理工大学学术研究团队提出的分类方法。以系统中产品和服务的价值占比为依据，将 PSS 分成三个类型，分别以产品、使用和结果为导向，也就是通常所说的 PSS 三导向分类。

Manzini 教授 1997 年提出“结果导向”和“功能导向”分类方法；Mont 教授（2001）基于产品的使用分为两类，即“以使用为导向”和“以结果为导向”。在此基础上，米兰理工大学可持续设计与系统创新研究所在由 Vezzoli 执笔的 2002 年 UNEP 报告中，首度提出了三类具有双赢潜力（系统性的生态效益）的产品服务系统商业途径，分别是“以产品为导向的服务”“以使用为导向的服务”和“以结果为导向的服务”。随后 Tukker 等人（2004，2006）又在此基础上进一步将产品服务系统的三种导向细化至八个类别，如图 3-1。至此，产品服务系统的类型研究基本成型并引用至今。

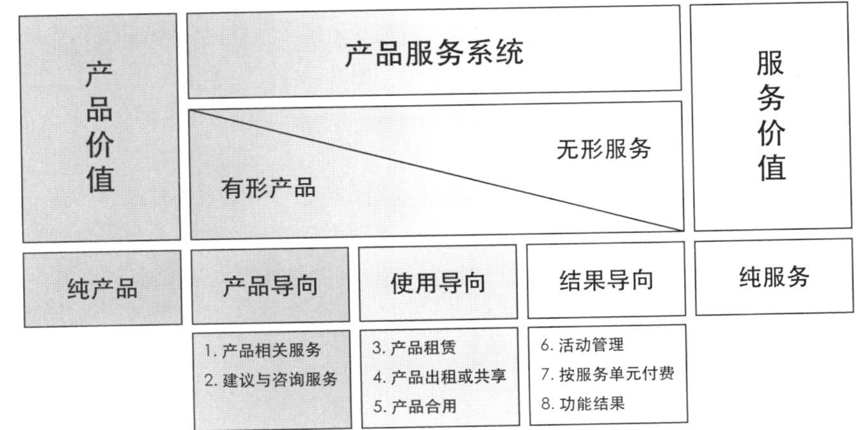

图 3-1
产品服务系统三导向分类

1. 产品导向 PSS

该类型系统中，产品服务提供者就产品本身提供产品的延伸服务。

可以将这一产品服务系统模式标注为 Ps（Product-service）。Ps 表示以提供物质产品为主，同时意味着在产品生命周期的各个阶段提供服务。例如：延伸担保、生命期担保、延伸服务合同以及生命期结束后的产品回收等。这些服务不需要商业合同变动。

简单来说，产品导向型 PSS 主要指企业价值创造以产品为主，为了保障产品的正常使用，企业为客户提供产品的质保、维修、维护等服务。但只能达到较小的环境效益。

一般认为，所有产品都包含或多或少上述售后服务，但不是所有具有售后服务的产品都属于产品导向型 PSS。只有那些因产品、内容、系统比较复杂或销售更具特色（如线上销售、线上线下结合的新零售等）而提供了更多增值服务的产品，才属于产品导向型 PSS。

（1）因产品复杂而提供增值服务

例如汽车（图 3-2）这类较复杂产品，它的维修、保养、保险等售后服务是非常专业化的业务，用户本身并不具备相关能力，需要由专门的人员来执行。同时这些服务也需要一个长期的过程，没有相关服务，汽车将无法正常使用。因此产品导向型 PSS 汽车才有了 4S 店这样的标准配置。

再比如电脑（图 3-3），无论是个人使用还是公司使用，电脑除硬件以外，配套使用的操作系统和各种软件都是需要持续更新的，是一个长期且专业的“产品 + 服务”的过程，也是典型的产品导向型 PSS。

（2）因内容复杂而提供增值服务

很多电子产品，例如电子书Kindle（图3-4），产品实体只是载体，其通过网络和系统可以不断更新的内容才是产品真正的价值所在，为此必须建立持续更新或维护服务的渠道，如网站、线上商城等。

再比如智能化产品天猫精灵（图3-5），这个产品本身比较简单，但是它提供服务的时候，后台商家必须有系统软件和服务器的支撑，并且也需要不断地更新和维护程序，才能保证用户顺畅的访问。

这种因内容复杂而提供后台的、不间断的增值服务，让这类系统具备了产品导向型PSS的属性。

（3）因系统复杂而提供增值服务

在互联网、物联网、人工智能技术发达的今天，硬件产品和软件内容都复杂的产品比比皆是，这类产品我们称之为“系统复杂”产品，

图3-2
作为复杂产品的汽车（图片来源：网络）

图3-3
作为复杂产品的电脑（图片来源：网络）

图3-4
Kindle电子书（图片来源：网络）

图3-5
天猫精灵（图片来源：网络）

它们就更加符合产品导向型 PSS 的标准了。

如图 3-6 是一款名为“小 U”的智能陪伴机器人。该产品除具有手机互联、智能提醒、精准定位、自主避障、智能家居控制与健康管理等基本功能以外，还加入了视频聊天、讲故事、唱歌跳舞、益智游戏等儿童陪伴和教育功能，它被赋予了人类智商，有自己的个性，根据与主人的相处状况，它会欢呼雀跃、哀伤孤独、生气害怕、撒娇，它一听到你的命令就会马上执行，甚至和你建立深厚感情。基本功能依赖于复杂的硬件，而以内容丰富为特色的教育功能则是该产品的最大卖点。

再比如大疆无人机（图 3-7），也是智能硬件与系统软件的高度组合。事实上，因安全需要，用户在使用该产品的时候，是不断受后台程序监控的，无人机飞到哪里，后台都知道。有些空域能飞，有些则不行。当闯入受限区域时，后台会警告用户。同时，每台无人机的飞行数据企业也都有备份，一方面是基于系统与服务优化的考量，另一方面也是为后续数据产品化做准备。

（4）产品营销层面具有特色增值服务

这里所说的产品营销层面的特色服务都基于互联网和移动互联网，主要包括两种，一种是新销售方式，另一种是个性化定制。

美国在线眼镜零售网站Warby Parker（图3-8）是采用“先试后买”销售模式的初创公司之一。Warby Parker 允许顾客在线选择任意五款眼镜，免运费送到家。五天之后，顾客决定自己最喜欢的款式，然后在线进行订购。这种销售模式的竞争力在于为顾客减少顾虑、节约成本。

又如日本服饰购物网站 ZOZOTOWN 推出的西服定制专用服务 ZOZOSUIT（图 3-9），在家就能实现西装的量身定制。该定制过程包括三个基本步骤：①填写包括身高、体重、性别在内的基本信息；

左：图 3-6
“小 U”智能陪伴机器人（图片来源：网络）

右：图 3-7
大疆无人机（图片来源：网络）

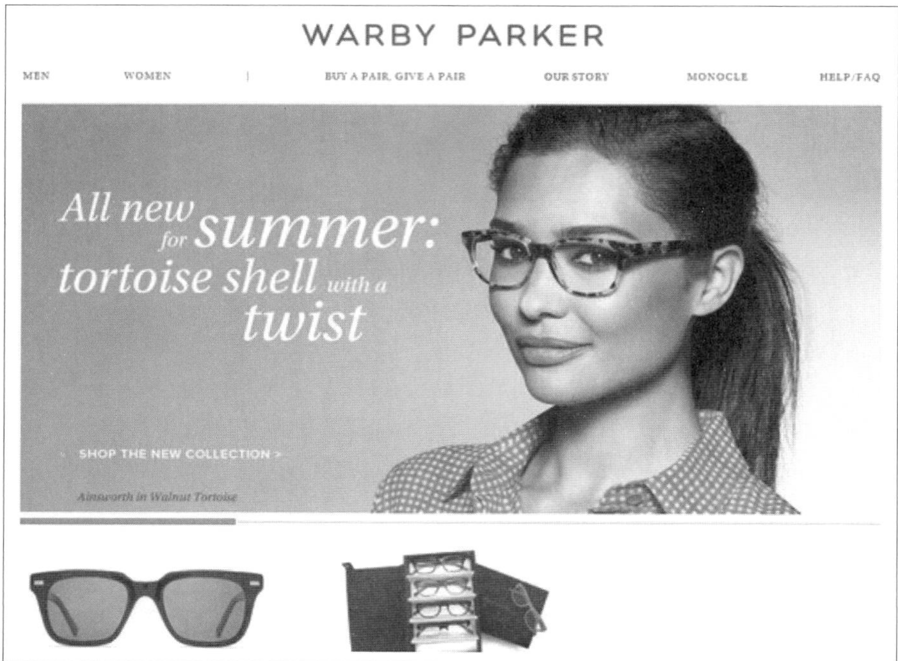

图 3-8
在线眼镜零售网站
Warby Parker（图片来源：网络）

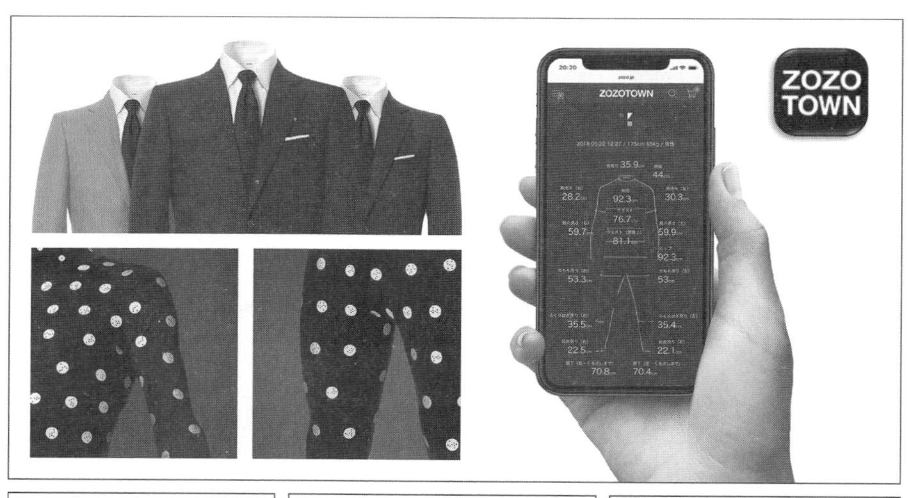

お客様に合わせたサイズのZOZOSUITをご用意いたしますので、身長・体重・性別をご入力ください。

身長（必須） 選択してください
体重（必須） 選択してください
性別（必須） 男性

Step1　填写基本尺寸信息

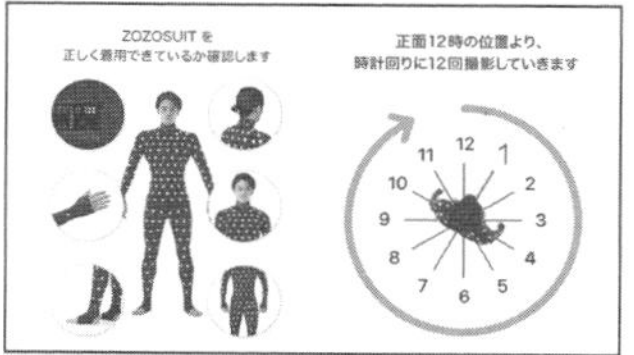

Step2　使用 App 进行全身数据检测

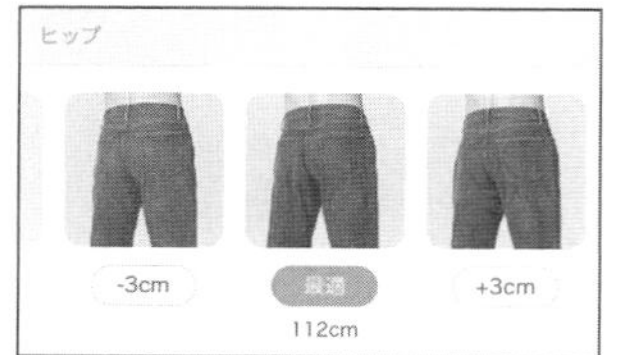

Step3　App 自动推荐合身款式

图 3-9
西服定制专用服务 ZOZOSUIT
（图片来源：网络）

②使用 APP 进行全身数据检测并自动记录；③APP 推荐合身款式。当然该服务还包括了面料、配色、配件等方面的定制。

再如用算法进行销售的服装品牌 STITCH FIX（图 3–10），解决的是有选择困难症或不清楚自身风格定位的用户的痛点。该品牌通过设立算法，为私人订制提供了新的服务流程：①顾客填好风格偏好问卷，选择订购周期（两周一次、每月一次、每季度一次等）；②通过“整体 + 个体”的协同过滤算法，挑选适合顾客的单品，再由造型师挑款，收取一定的造型费（20 美元）；③顾客收到推荐服装，试穿并留下喜欢的商品，挑剩的则免邮寄回，系统自动结算商品款项。

上述举例的多个产品，虽然服务（收费或免费）很重要，但它们作为商品交易的价值更多来自产品本身，产品价值占比远远高于服务价值，并且用户都购买并拥有了产品，因此仍属于产品导向 PSS。

2. 使用导向 PSS

该类型系统中，产品服务提供者以销售设备产品的使用功能为主，而不是销售产品本身，类似对物质产品的租赁形式。事实上，顾客购买的是服务，服务处于主导地位。但这个服务要依赖产品来完成，因此这里的产品也是比较重要的。

可以将这一产品服务系统模式标注为 Sp（Service product）。Sp 系统中，服务处于主导地位，导致商业合同改变，但能获得较大的环境效益（物质资源使用 9 倍级减少）。例如：每次使用付费、最

图 3–10
用算法进行销售的服装品牌 STITCH FIX（图片来源：网络）

小成本供应以及非物质服务等形式。

也就是说，使用导向型 PSS 指企业为满足客户价值的创造，整合产品和服务，并将其完全服务化，以客户购买、租用或者共享服务的形式，为客户提供覆盖其价值创造过程的部分或者全部环节的产品服务系统。

比如第一章第三节提到过的共享单车（图 3-11）。事实上，共享单车的实质是分时租赁，共享充电宝（图 3-12）也是一样，也就是说用户拥有了这个产品一段时间的使用权。这样的案例在日常生活中还有很多。

稍微不同的是自助洗衣房（图 3-13）。如果说，传统洗衣房（有人接待、有专业人员负责清洗等）属于纯粹的服务业的话，自助洗衣房的不同之处在于没有服务人员提供服务，用户必须自己通过使用店内的洗衣机来完成洗衣的过程，这同样也是用户拥有一段时间使用设备的权利，因此也是使用导向型 PSS。

除了日常生活外，在一些非日常或专业领域，租赁也是常见的。如图 3-14 的工程类机械，由于每台机器都很昂贵，如果不常用的

图 3-11　共享单车（图片来源：网络）

图 3-12　共享充电宝（图片来源：网络）

图 3-13　自助洗衣房（图片来源：网络）

图 3-14　工程机械租赁（图片来源：网络）

话，企业或组织通常就会通过租赁、由相关员工来完成相应工作。这样的好处是，企业只需满足用户（员工）具备操作挖掘机的能力（相对简单），而这台工程机械的维修、保养等工作（相对复杂）则不需要由企业承担，转而由服务商提供，从而极大降低了设备维护的成本。这也是使用导向型 PSS 的主要特点。

3. 结果导向 PSS

该类型系统中，产品和服务通过它们自身功能实现的组合来满足用户的需求，即产品服务提供者通过合同在尽量减少任何物质产品交易的情况下，保证客户的需求和满意度，即结果的获得。

可以将这一产品服务系统模式标注成 PS（Product-Service）。PS 模式能够获得 10 倍级的环境效益，但是需要提供方有足够预防所有风险的能力和较大诚信度。例如：出租、共享和产品池方案（问题解决方案）等。

所以，结果导向型 PSS 是指实物产品可以被新的服务所替代，服务提供者通过优化系统结构来为用户提供更有效的服务。这些服务可分为三种模式：①业务管理；②按服务单元收费；③功能性结果。

举个例子，服务器的提供和托管（图 3-15）。以前，企业想要建立一个网站，就需要配备自己的服务器，进而需要配置一个机房（含不间断电源、机柜、空调等），还需要雇佣专业技术人员去管理和维

图 3-15
服务器托管
（图片来源：网络）

护，等等，总体来说是需要一个部门去支撑的。但是现在有了服务器托管，企业只需要租用服务器就可以了，只需按流量付费，直接获得的是“使用服务器”这个结果。

案例一：劳斯莱斯引擎运行服务

先来看一个故事：南美洲某航空公司飞往美国西岸洛杉矶的某班机，在预定抵达目的地 4 小时前，飞行突然收到来自劳斯莱斯服务人员的信息，告知引擎运作数据有异常，降落后应立即检修。班机落地后，派驻美国西岸的劳斯莱斯维修人员已在机场待命，手中拿着英国总部提供的所有引擎飞行数据，直接找到问题所在，只花了两到三小时就解决了问题，没有延误飞机下一个航程。

这是全球第二大动力系统制造商英国劳斯莱斯民用航天事业部创业界之先河，所发明的创新服务商业模式：不卖飞机引擎，改卖“飞行时间与维护服务”（图 3–16），让劳斯莱斯成为工业 4.0 的最早实践者之一。劳斯莱斯引擎健康管理部门（Engine Health Management）用大数据、物联网，实时监控着安装在全球近一百家航空公司客机上的 4600 具引擎的运行状况，仅以 4%的成本，避免引擎故障引起的飞行安全疑虑，从此改写产业游戏规则。

案例二：飞利浦定制照明系统服务

这是一个离我们生活相对较近的案例。对于一些专业公司或机构而言，装修中的照明灯具选择是很重要的事情，但他们往往又会这么想：我不想考虑这些，我只要我的空间被照亮就可以了。飞利浦捕捉到了这样的机会，他们量身定制的智能照明系统，可满足多样化的空

图 3–16　劳斯莱斯引擎运行服务（图片来源：网络）

(a) 林德霍夫医疗中心办公室　(b) DiVoCare 医院办公区

图 3-17
飞利浦定制照明系统服务
(图片来源：网络)

间需求，并为客户提供可管理的价格，通过从一次性销售产品（照明灯具）模式转变为飞利浦保留材料（产品）所有权的“每勒克斯付款”模式，也就是购买光照的时间（图 3-17）。这样，飞利浦为客户选择合适的灯具，如果损坏，可以回收和更换并实现资源流转。

案例三：施乐托管打印

还是一个来自于办公室的案例。一般来说，“打印”成本占企业或公司年度支出的 15%。施乐公司推出打印管理外包服务（图 3-18），能够为企业带来多达 30% 的打印成本削减。不仅如此，托管打印还可以帮助企业改善文档安全性，以及生态环境可持续性。该服务的特点如下：

①关于系统架构：进行全面的前期评估，以分析企业当前打印基础架构；无论使用什么品牌的打印机，实现端到端的监视，管理和优化企业的总体打印输出环境；提供网络管理和信息技术（IT）集成，提供从平台支持到基于云的解决方案；将缓慢的基于纸张的流程（例如路由和批准）转变为自动化的数字流程；通过由高水平专家组成的全球网络，在全球任何地方部署托管打印服务方面都有良好的记录。

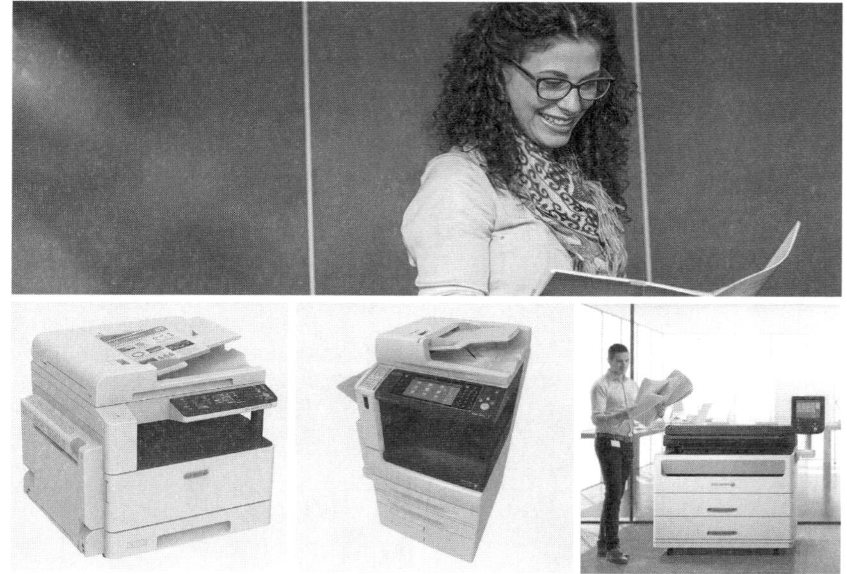

图 3–18
施乐托管打印
（图片来源：网络）

②关于用户使用：通过变更管理培训员工，使其平稳过渡，使他们更加满意和高效；主动发现并解决潜在的打印问题，并在员工受到影响之前补充耗材；使通勤者和移动工作人员轻松而安全地进行打印访问。

③关于可持续性：在满足企业业务需求的基础上，提供技术路线图，以减少打印设备、耗材的数量和类型；通过减少纸张打印，减少能源消耗，减少温室气体排放以及将垃圾排除在垃圾填埋场中来减少环境足迹；持续监控用户的打印环境，并使用不断改进的流程来为用户节省时间和金钱。

案例四：日本午休外卖

据日本经济合作与发展组织调查，日本人均睡眠时间为 7.37 小时，睡眠不足现象严重。且一年因睡眠不足造成的经济损失高达 15 万亿日元（约合人民币 1 万亿元）。有研究显示，睡眠不足会导致注意力和记忆力下降、疲劳感增加，工作出错和发生事故的可能也会增加，同时患病的风险也会大幅上升。并且日本全国上下都在推进“工作方式改革”，一些企业把保证适当的睡眠时间、改善睡眠质量作为提供劳动效率的策略。

日本 Koala Sleep Japan 推出午睡空间外卖服务，将面包车改装

图 3-19　日本午休外卖服务
（图片来源：网络）

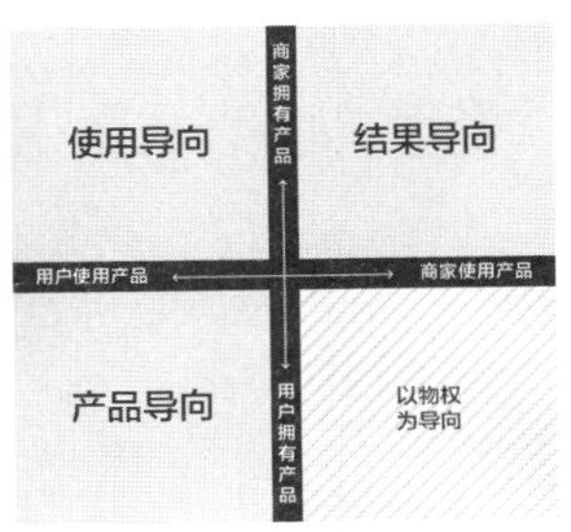

图 3-20　PSS 三导向十字分区法
（图片来源：韩少华《可持续产品服务系统设计及其创新转移研究》）

成卧室开往有需要午休的用户所在的公司（图 3-19）。目前，这项服务仅针对部分企业免费提供。该空间具有良好的隔音效果，并且还附赠有助于睡眠的饮料。

二、PSS 三导向十字分区法

产品服务系统三导向的划分方法虽然清晰、明确地定义了三种类型的特征，但是，在具体的案例研究或项目实操过程中，设计师对产品和服务的比重较难精准地判断，从而在 PSS 的类型定义阶段容易混淆或出错。

2016 年，武汉理工大学韩少华借鉴 Cook 以产品或服务交易过程中产权是否发生转移的分类依据，在其博士论文《可持续产品服务系统设计及其创新转移研究》中提出 PSS 三导向的“十字分区法”（图 3-20）。

该分类法的核心在于从需求者和提供者角度讨论产品的使用权和所有权：

①以产品为导向的 PSS（第三象限），用户拥有并且使用产品，即用户拥有占有、使用、收益、处置等权利。

②以使用为导向的 PSS（第二象限），产品的拥有权在商家手中，但用户在特定条件下（如租赁）拥有产品使用权。也就是服务提供者拥有产品所有权，客户仅拥有使用权。

③以结果为导向的 PSS（第一象限），产品的使用权、所有权都在商家手中，用户购买服务并享受服务的结果，且前提是商家通过特定的产品满足用户的需求。

④这个分类方法中的第四象限，用户拥有产品、商家使用产品这种“以物权为导向”的方式不能达成可持续发展目标，不予讨论。

图 3-21
普通筋膜枪
（图片来源：网络）

为了更好地理解该分类方法中产品、产品服务系统、服务之间以及三种导向 PSS 之间的区别，可以用健康医疗中“按摩产品”和“按摩服务”的例子来进行阐述。

案例：如何解决肌肉酸痛，产品 or 服务?

第一类是纯产品，用户购买了一个筋膜枪（图 3-21），自行使用该产品，解决肌肉酸痛问题，即依靠产品实现价值。

第二类是产品服务系统，有三种情况：

①产品导向 PSS，用户购买了一款附带 APP 的智能筋膜枪（图 3-22），可以使用健康数据记录等功能，以及一系列售后增值服务，此时用户使用的产品依旧占价值主导地位，但围绕着产品开始产生了新的增值。

②使用导向 PSS，用户租赁了一个筋膜枪为自己按摩（图 3-23），价值产生于租赁服务与产品功能，用户拥有使用权但不拥有产品本身。

③结果导向 PSS，用户购买了一个按摩推拿服务，工作人员使用筋膜枪为用户进行理疗（在店内或上门，图 3-24），服务产生的价值比重较大，且同时通过产品使用来实现目标。

第三类是纯服务，用户到按摩店内享受按摩服务，按摩师的手艺、店内环境等决定服务质量（图 3-25）。

三、PSS 三导向案例分析

接下来，我们再来基于同一种产品横向分析一些案例，就像之前分析的筋膜枪一样，看看同一产品构成产品服务系统时，分别属于哪种类型。

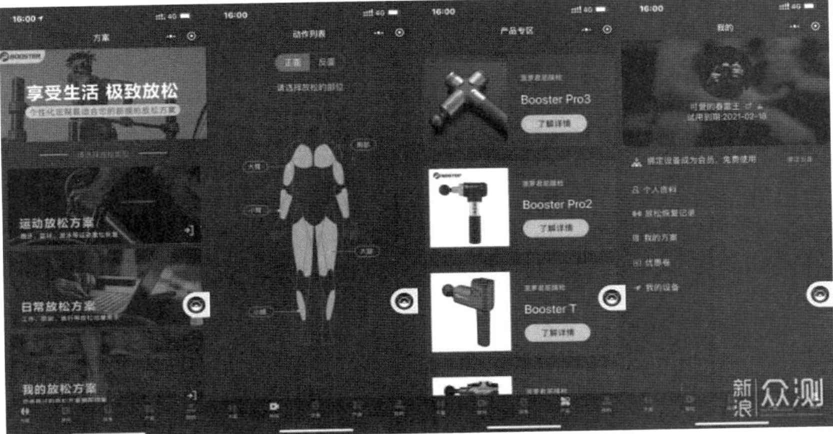

图 3-22
智能筋膜枪
（图片来源：网络）

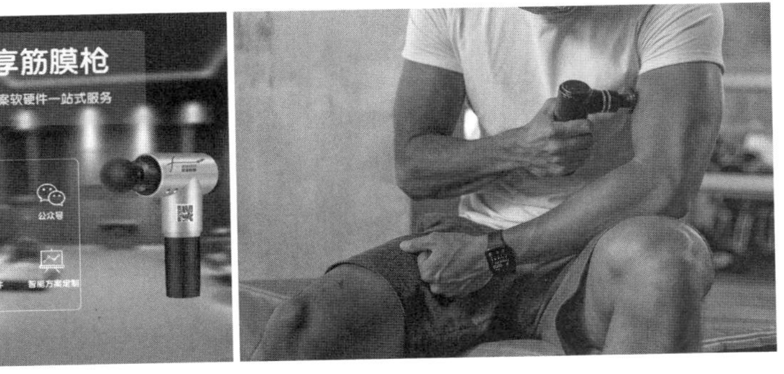

图 3-23
筋膜枪租赁
（图片来源：网络）

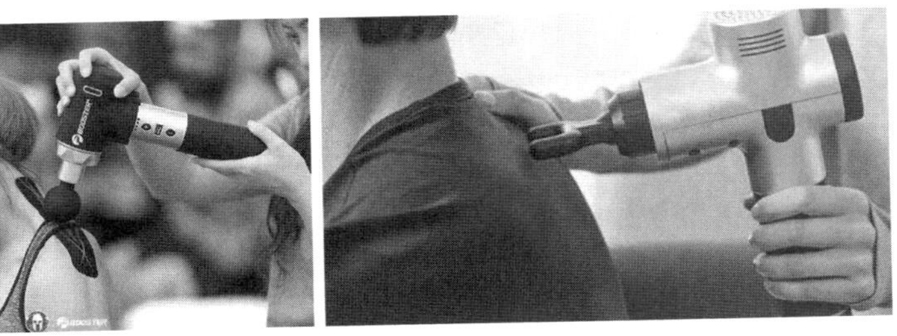

图 3-24
使用筋膜枪为顾客服务
（图片来源：网络）

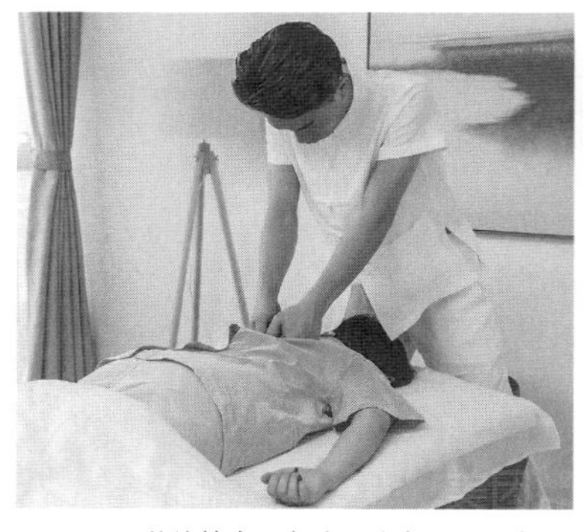
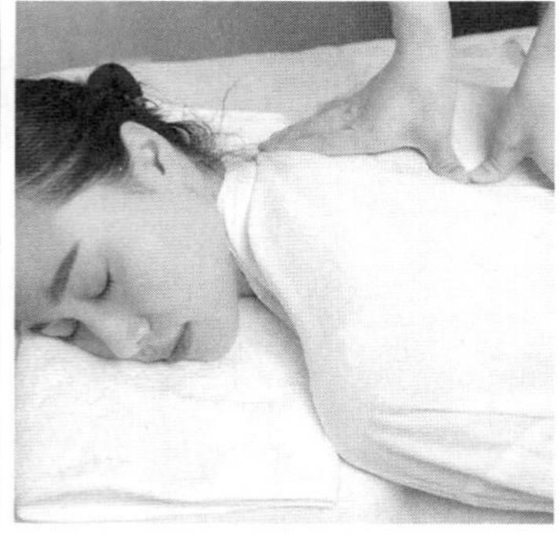
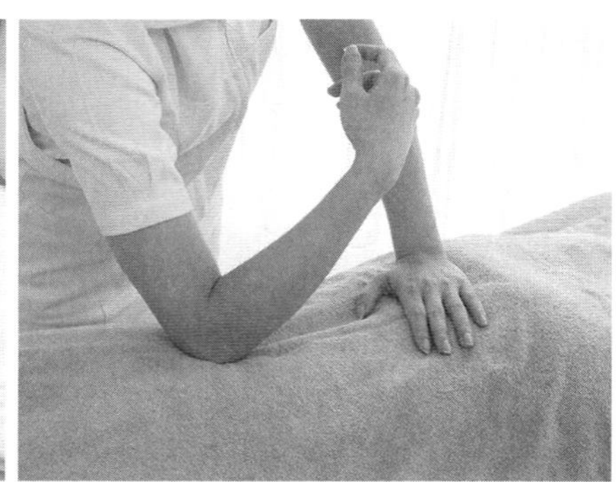

图 3–25　传统按摩服务（图片来源：网络）

案例一：如何实现高效城市通勤，买车、租车 or 打车？

从城市通勤的角度来说，除了乘坐公共交通以外，人们通常还会采用买车、租车或打车等方式。之前已经分析过，人们购买的私家车实际上是一个产品导向型 PSS（图 3–26a），因为产品复杂，所以必须要有服务，且服务很重要。当我们没有足够的资金购买私家车的时候，可以选择租车，即使用导向型 PSS。国内有众多租车服务公司和平台，如小鹏汽车提供的租车服务（图 3–26b）：车子本身仍属于小鹏公司，用户只拥有一段时间的使用权，按照时长付费。如果你不会开车，那么你可以采用第三种结果导向型 PSS 模式提供的服务。因为你的目的是通勤，需要从 A 地到 B 地，“移动”是目的和结果。如祺出行（图 3–26c）这一类网约车就是提供实现这一类型结果的服务。广汽拥有汽车本身，并提供专业司机，并且这个司机必须使用传祺品牌的汽车。

案例二：新石器无人车

再拓展一下，同样是汽车的案例，是从 A 地到 B 地的需求，当结果导向型 PSS 中的汽车从普通汽车改变为无人车的时候，系统的复杂程度就会相应提高。新石器无人车（图 3–27）是全球首个完成工程化并量产落地的无人驾驶商用车产品。它配备了 L4 级自动驾驶系统、车联网 AI 平台、车规级底盘、换电系统以及模块化智能车厢。第二代产品 SL11 采用了更为丰富的传感器配置，使无人车具备无需安全员跟随即可保持自动驾驶的能力。运营方面，新石器构建了车辆调度平台、平行驾驶平台和货柜管理平台，围绕车辆调配、行驶安全、

(a)

(b)

(c)

图 3-26 城市通勤方式（图片来源：网络）

货品管理形成了一套大数据智能体系。目前新石器无人车推出的服务场景主要包括移动零售、安防监控、快递运货等。

新石器无人车系统中，不仅车更为复杂，系统在商业模式上也更为灵活和创新。因此，同样是获得结果的结果导向型 PSS，仍有可能呈现出不同的形态。

案例三：想喝咖啡，一定要去咖啡店吗?

再来看咖啡相关的案例。如果用户想在办公室或家里喝品质相对较好的咖啡，常规的解决方案就是用户自行购买不同款式的自动咖啡机（图 3-28a），以及咖啡豆、咖啡粉、牛奶等耗材，并自己动手来制作咖啡，这是典型的产品导向型 PSS。但是，对于经常搬家或者办公场地暂时不固定，又或者资金不足、使用频率不高的个人用户或初创公司来说，就没必要浪费一笔钱来采购专业咖啡机，而是可以通过租赁咖啡机（图 3-28b）来满足需求，此时耗材仍然得自行采购，这是使用导向型 PSS。以上两种类型都需要用户自行操作咖啡机和采购耗材，越专业的咖啡机对耗材以及使用者的要求也越高。当用户不具备这些专业能力，只是想喝一杯高品质咖啡的时候，除星巴克这样的餐饮服务以外，还有一种选择，那就是包括咖啡自动售卖机（图 3-28c）在内的整体解决方案。用户不需要学会如何使用专业的咖啡机，服务提供商会为你配备智能化、一键操作的设备，用户也不需要负责耗材采购与补给这些繁琐的事情，服务商同样会为你全程监控与维护。这种一站式、全包式的服务属于结果导向型 PSS。

案例四：基于租赁服务的移动咖啡吧设计

当然，除了家庭、公司以外，还有一些特殊场景也有提供咖啡服务的需求，比如展会、聚会等场合，这些场合有时是没有咖啡店的。

M-Café 就是针对这种需求而开发设计的一个产品和配套服务（图 3-29）。这个产品是一个可折叠、可开合的“大盒子”，里面配备了专业咖啡机，以及咖啡豆、纯净水、纸杯等耗材，底部带

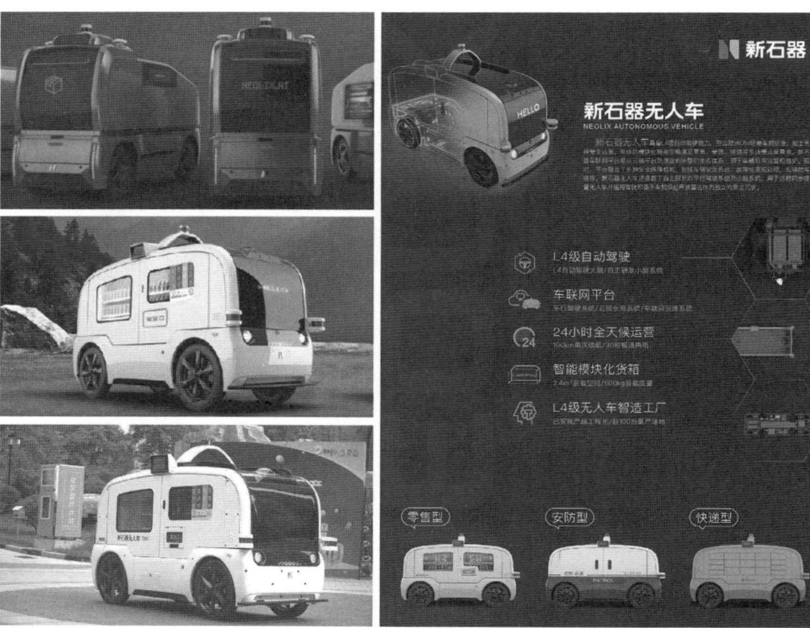

图 3-27
新石器无人车
（图片来源：网络）

（a）

（b）

（c）

图 3-28　不同类型的咖啡机（图片来源：网络）

有轮子方便移动，尺度上可以进入大部分商用电梯和中小型货车。商家将这个“盒子”租赁给有临时需要咖啡服务的客户，同时还可以配备一个工作人员。“盒子”到达指定地点展开后，就变成了一个 20 多平方米的临时咖啡店。购买了这样的服务，就可以获得咖啡提供的结果。

图 3-29
\M-Café 移动咖啡吧

案例五：从买家具、租家具到租空间

这是家具相关的案例。第一类，产品导向型 PSS，例如定制家具（图 3–30a）。商家卖的是家具，但为满足个性化需求，商家可以为用户上门量尺寸，根据尺寸定制家具，还提供上门安装服务。第二类，使用导向型 PSS，不管家具属于谁，用户只是需要使用它，所以可以租赁，包括住家家具（图 3–30b）和办公家具（图 3–30c），租什么风格、什么材质、什么价格的家具是用户可以自行决定的。第三类则是结果导向型 PSS，也就是说用户需求是居住或办公，无论是居住还是办公，都需要有满足相应功能的家具，此时租家具不足以解决问题，需要租空间。Wework 是一家提供联合办公空间的服务公司（图 3–30d），它提供的办公空间内已经配置好相应的家具，并通过家具构建了个人办公、小组讨论、集体会议等多类型空间。不仅

（a）

（b）

（c）

（d）

图 3–30　家具定制、家具租赁及空间租赁（图片来源：网络）

Wework 这样的服务型品牌如此，目前很多制造型企业也慢慢从产品（家具）提供转向解决方案（配备了不同功能家具的整体空间）提供。

第二节 以成本和效率分类

一、服务设计中的过程链网络分析法

PCN 分析法即过程链网络（Process Chain Network）分析法，2012 年由美国杨百翰大学 Scott E. Sampson 教授在其 2006 年提出的“统一服务理论”基础上进化而来，是对服务过程、网络、策略、创新及其他管理问题进行分析的工具。合理运用 PCN 分析法，能够帮助服务设计师洞察机遇、激发创意及制定策略，并可获得不同程度的创新结果。

与 PSS 十字分区法相同的是，PCN 也从服务接受方（顾客）和服务提供方（商家）两个维度展开服务过程领域的讨论。如图 3-31“PCN 模型”所示，系统与顾客 / 客户间的交互形式包含三种基本类型，每个领域内商家和用户都有对应的、连贯的行为动作。

以医疗服务过程为例：

①直接交互（图 3-31，d1~d3）指商家直接作用于顾客自身的服务，提供方与接受方直接接触，例如医院的前台咨询、医生问诊等；

②代理交互（图 3-31，a1、a2）指顾客的自助服务，提供方间接作用于接受方，通过某个媒介达成双方的沟通，例如病人浏览医院的电子导览设备、使用手机挂号等；

③独立处理（图 3-31，i1~i3）指提供商和顾客双方各自作用于自己所拥有或控制的资源，商家层面包括自主开发智能产品、维持前端材料供给等活动，顾客层面包括独立到达医院、回家按医嘱使用医疗设备等行为。

PCN 分析法中，交互过程产生的“顾客强度”是一个关键概念，具体指顾客输入要素变化所导致提供商过程变化的程度。直接交互领域是商家与用户直面交流的部分，是顾客强度最高的区域，反之独立处理区域的顾客强度最低。从效率和成本角度来看，顾客强度越高，则不可控的因素越高，单个顾客的个性化需求程度也越高，对于商家而言，需要耗费更大的精力和财力来维护系统。因此，如果需要提高服务过程的生产和运作效率，通常要求降低顾客强度，即尽量需要将直接交互区域的内容转移至代理交互和独立处理部分。

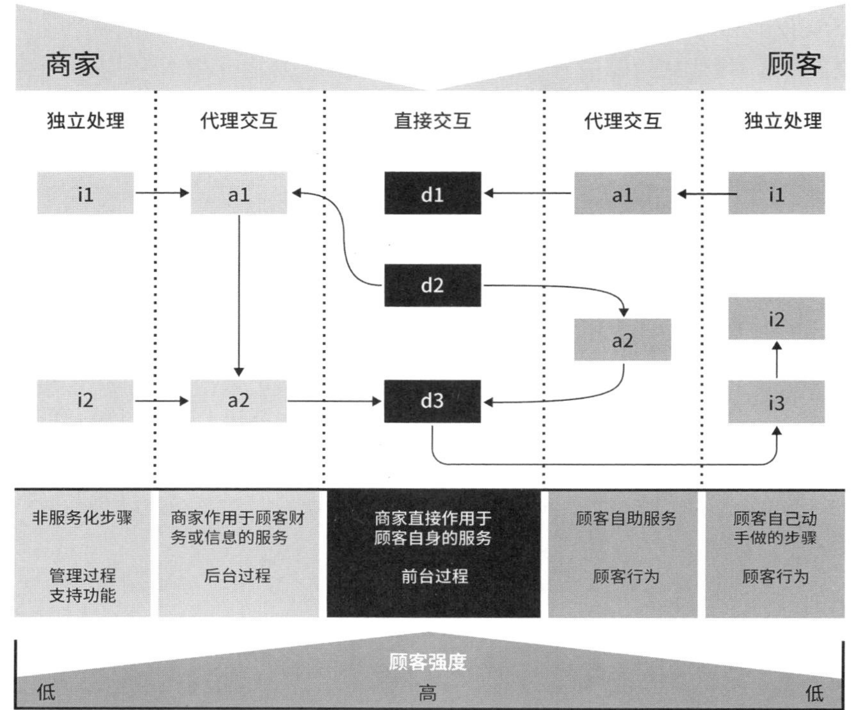

图 3-31
PCN 模型

二、PSS 成本效率分类法

1. PSS 三导向与 PCN 分析法的对应关系

PCN 分析法中，不同的交互过程对相关产品、服务以及人力资源的要求和组织也是不同的。沿用前文“筋膜枪按摩”案例，将三种导向的 PSS 嵌入 PCN 工具中，分析如下：

①如图 3-32a，产品的价值体现在用户的独立处理领域，也就是顾客拥有并使用筋膜枪，此模式不需要消费者拥有丰富的技能和经验，所以对筋膜枪的普及性、易操作性要求是相对高的；

②如图 3-32b，产品和服务的最高价值体现在代理交互领域，用户通过平台或终端设备租赁产品，几乎没有服务人员与顾客进行直接交互，需要考虑更多流程和产品操作层面的服务，以减少顾客在使用服务及产品过程中因出错而导致不良体验的情况，因此该模式对筋膜枪及租赁渠道的技术要求相对于前者更高；

③如图 3-32c，产品和服务的价值更多体现在直接交互领域，为了让用户获得更好的体验，按摩服务人员经过专业培训，利用特定

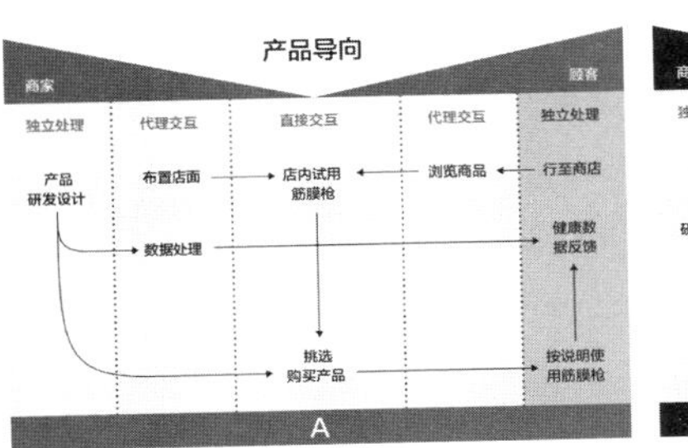

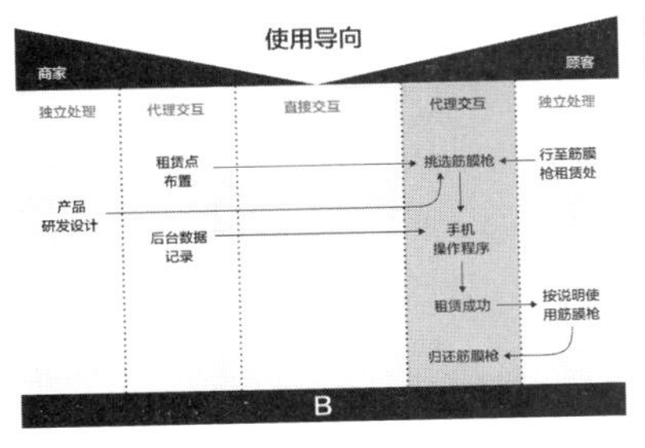

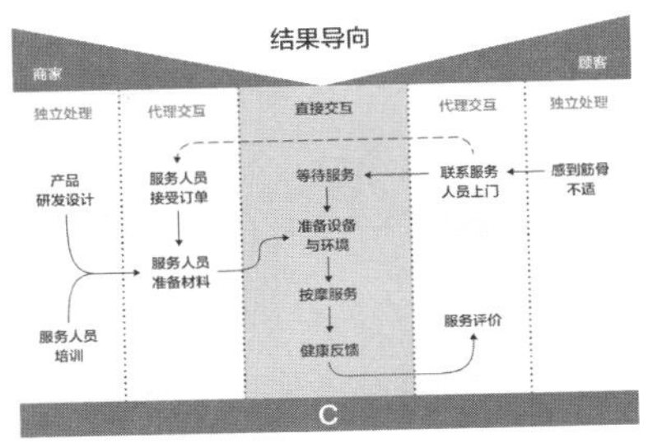

图 3-32　以筋膜枪为例的 PCN 图

的筋膜枪为顾客提供高品质服务，因此该模式中的筋膜枪必然是普适性较低、专业性更高、有一定使用难度的，同时对于从业人员的专业素养也是有一定门槛和要求的，需要花较多时间和精力培训专业人员以满足用户的多种需求。

诚然，每个企业或行业都有不同的商业模式，某一导向类型的 PSS 和某一交互场景之间并不完全是等同关系，但显而易见存在着某种侧重或倾向。综上所述，将 PCN 分析法与 PSS 十字分区法结合，即可生成“三导向”新的分析、评判和分类方法，即产品服务系统成本效率分类法（图 3-33）。

图 3-33
产品服务系统成本效率分类法

2. PSS 成本效率分类法的三种类型

（1）“独立处理—产品导向”PSS

价值围绕产品创造，侧重于独立处理。顾客购买并使用产品，因顾客的接受程度和文化水平差异较大，产品对用户使用技能和门槛较低。企业服务主要围绕产品销售及售后展开，顾客输入要素引起的服务变化较小，顾客强度相对低，因而服务成本较低、效率较高，系统复杂度也较低。

（2）“代理交互—使用导向”PSS

价值围绕租赁服务产生，侧重代理交互。商家拥有产品，用户使用产品，产品使用技能要求同样较低。但系统层面，随着服务内容的增多，顾客输入要素的影响即顾客强度开始上升，企业需要承担更多的不可控因素，包括确保顾客独立操作的稳定性、产品回收与再使用等问题，相较于产品导向 PSS，该模式虽然服务效率仍然较高，但成本有所提升，系统也变得较为复杂。

（3）“直接交互—结果导向”PSS

价值由服务系统创造，侧重于直接交互。顾客将事件处理的过程交给商家，并抱有更高的期望和要求，商家拥有产品并且通过产品使用来满足顾客需求，承担着交付符合顾客预期结果的责任，在三种模式的比较中，该模式顾客输入要素引起的变化即顾客强度最高。商家需要提供更专业的设备和人员来替代普通用户完成事件，以达到服务的独特性和不可替代性，因而对产品的使用技术要求相对较高。除此之外，由于直面顾客，用户需求的复杂性和多变性、事件本身与涉及产品或人员的专业度等因素，导致服务过程前后台的配合难度大大提升，在三种模式中，该模式服务效率最低、成本最高，系统复杂度也是最高的。

3. PSS 成本效率分类法的优势

将 PCN 中成本、效率评判维度与 PSS 三导向相结合，推导出“独立处理—产品导向”“代理交互—使用导向”“直接交互—结果导向”的新评价方法。与传统的三导向分析方法相比，PSS“成本效率分类法”在物权、使用权基础上，兼顾了产品、服务与用户的交互方式，并通过产品使用技能要求和服务系统复杂度两个维度的横向比较，帮助企业和设计师来选择更合理的开发策略，是一种更全面、更理性、更有效的战略分析工具。

三、以成本效率分类的 PSS 案例分析：以健康医疗为例

PSS 理论产生至今已被广泛运用到各个领域。笔者提出的“成本效率分类法”作为一个普适的“工具”，在企业制定产品策略过程中能够发挥重要的作用，为用户和企业价值创造提供不同的解决路径。一般情况下，PSS 主张企业发展路径从产品导向转移至使用导向，并最终实现结果导向，即从“产品”走向“服务”，从而实现可持续发展目标。有学者曾就可持续的适老产品与服务展开研究，发现使用导向与结果导向两种类型更受社会和用户青睐。但是，由于所处行业属性不同、企业发展阶段不同、目标消费群体不同，具体哪种模式、哪种设计策略才是最优解，就需要“具体情况具体分析”。

众所周知，PSS 的三个可持续目标是环境、经济和社会可持续，其中环境可持续被摆在首要位置。但就健康医疗这个特殊领域来说，维持生命与健康体魄的可持续发展才是基本需求和终极目标，这一目标的实现过程与时间效率、救助成本、专业技术等因素都有着极高的关联度。在我国空间区域医疗资源供给相对不均的国情下，健康医疗产品服务系统中“生命与健康可持续”与其他可持续如何兼顾？设计策略又该如何制定？可以围绕紧急情况和非紧急情况两种场景来讨论。

1. 紧急情况下的健康医疗产品及服务

目前心血管疾病导致的死亡为我国人口死亡原因之首，占 40% 以上。其中，最常见的意外或危险情况为突发性心脏骤停，最佳解决方法是在 4~6 分钟内对患者实施心肺复苏和快速除颤，目前被广泛使用的急救产品为体外除颤仪 AED。目前有三种解决方案，分别对应三类导向的 PSS。

（1）“直接交互—结果导向”PSS：救护车及车载设备

绝大多数民众会选择拨打急救电话，等待救护车的到来，急救人员运用专业技术、使用专业设备抢救患者，如图 3-34，属于“直接交互—结果导向”PSS。然而受急救资源分布、城市交通状况等系统因素影响，相比欧美院外心脏骤停 10%~12% 的生存率，我国仅约 1%，主要原因是我国平均急救反应时间在 15 分钟以上，此时已完全错过抢救的最佳时机。可见，结果导向 PSS 并不完全适用于健康医疗的

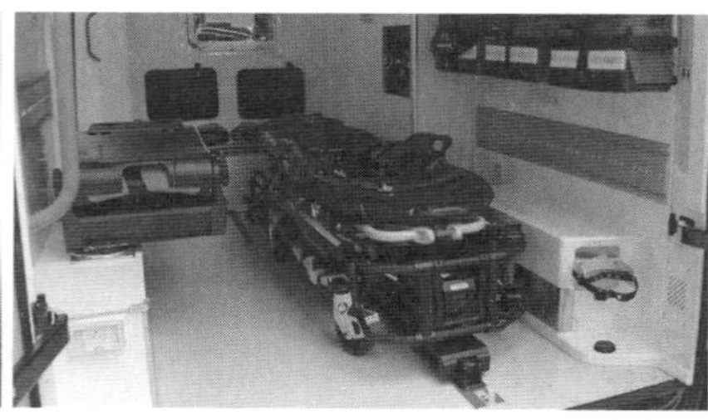

图 3-34
救护车及车载设备
（图片来源：网络）

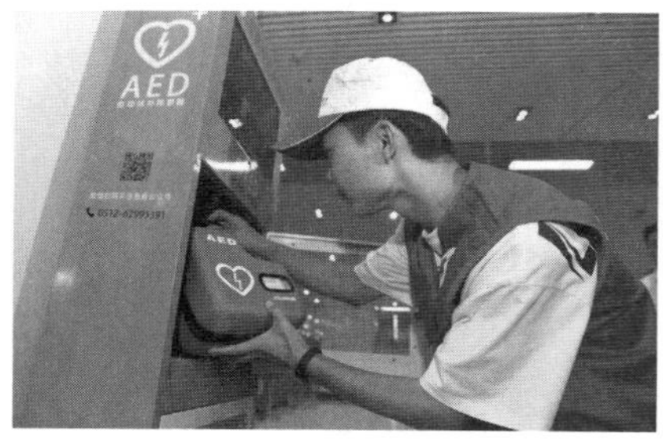

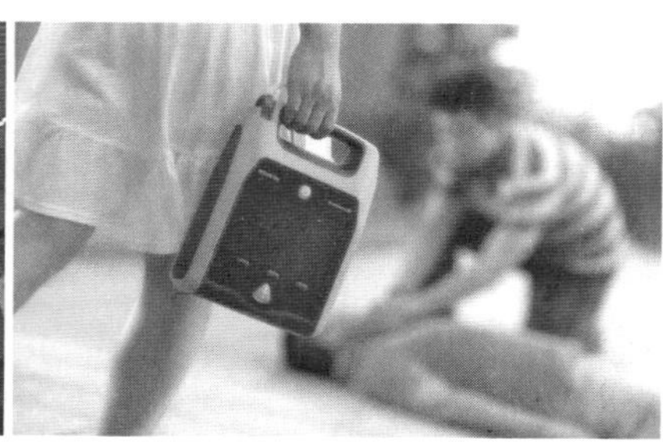

图 3-35
分布式公共 AED 设备
（图片来源：网络）

急救场景。虽然该模式某种程度上满足了环境的可持续，但就服务过程来看，需要动用复杂系统中的专业人员和器材，需要排除多种干扰因素，并不能满足紧急救助对于时效的强需求。如果在医疗资源相对缺乏的地区，使用结果导向的服务、等待救援几乎不可行。因此，医疗急救场景下，“直接交互—结果导向”PSS 并非最优解决路径。

（2）“代理交互—使用导向”PSS：分布式公共 AED 设备

通过在旁其他人员使用分布式公共 AED 设备（图 3-35）对患者进行抢救，属于“代理交互—使用导向”PSS。美国是较早普及心脏除颤的国家，从 20 世纪 90 年代已经开始提倡和推广在公众场合配备 AED 设备。李梦涵等在 2021 年关于国外院前公众急救模式的研究显示，美国的公众除颤生存率相比 EMS 除颤生存率提升至 1.55 倍，而瑞士更是提升至 3.01 倍之高。该模式对产品使用技术要求较低，系统构建难度也不高，因救助效率的大大提升获得了诸多国家的认可和大力发展。当然，该模式仍需面对意外发生时间地点、设备分布的不确定性，以及周边是否有协助人员等潜在风险。

（3）“独立处理—产品导向”PSS：便携式家用除颤仪

使用便携式家用除颤仪直接救助，属于“独立处理—产品导向”PSS。美国卓尔除颤仪（图 3-36）除具有体外除颤功能外，也包括语音连线专家、CPR 实时技术反馈等功能，能实时监测每次心肺复苏按压，通过语音及图像提示降低产品使用难度，拓宽产品使用人群，特别适合患有心脑血管相关疾病的用户常备在家中，并且因体积较小可轻松携带外出，当意外发生时，家人或旁人能在黄金四分钟内对患者进行有效抢救。虽然并不完全能达到环境可持续目标，但该模式显然是三类解决方案中最为快速、高效并且救助效果最佳的一类。

2. 非紧急情况下的健康医疗产品及服务

（1）"独立处理—产品导向"PSS：智能检测、监测产品

在"互联网 +"、实体经济转型升级和消费升级背景下，近年来我国智能化治疗康复、健康护理产品呈现爆发式增长。小米 HiPee 智能验尿棒 S1（图 3-37）可以监测用户 6 项尿检指标，通过多次监测生成个人健康数据库，支持网络推送以便向专业护理人员问诊，能在较早阶段发现肾脏疾病。HiPee 检测结果速度快、准确度高，使用过程简单、易操作，性价比高，在绝大多数人的消费能力范围内，因而产品普适度高。自我国步入老龄化社会以来，"居家养老"已经成

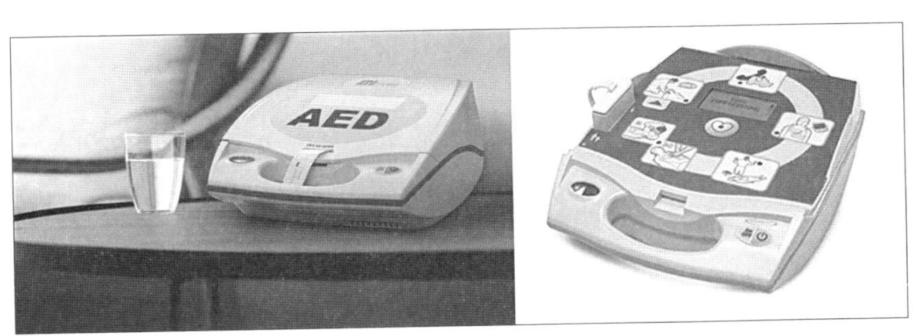

图 3-36
便携式家用除颤仪
（图片来源：网络）

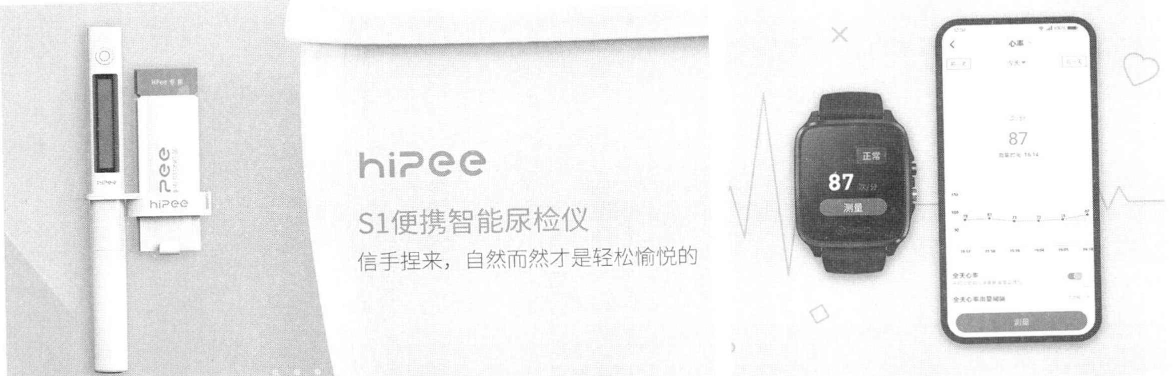

图 3-37　智能验尿棒（图片来源：网络）

图 3-38　老人心率监测手表（图片来源：网络）

为最适合我国国情的主流养老模式，市场陆续推出居家养老相关产品。360 公司推出的老人心率监测手表（图 3-38），除 24 小时不间断监测心率之外，也配备定时提醒喝水、吃药等健康护理功能，每周输出健康分析报告，产品技术先进但使用门槛较低，具有很好的适老化属性。用户不再一有问题就直接去医院，而是通过智能检测、检测产品为自己做初步的院前诊断，既满足了自身健康管理和高效居家就诊的需求，又将检验人员从大量人工服务中解脱出来，同时也降低了医院病患聚集的压力。对于医疗资源紧张的区域来说，“独立处理—产品导向”PSS 或许是更适用的设计策略。

（2）“代理交互—使用导向”PSS：共享医疗器械

使用导向 PSS 的价值由租赁服务所创造，特点是公共属性和产品共享。虽然健康医疗领域对于产品质量、卫生安全、隐私需求等要求都相对高，导致系统壁垒较高。但在日常生活中却依旧可见不少落地案例。北京健租宝公司，致力于提供公用和家用医疗器械的租赁服务，如已经在北京协和及各大三甲医院落地运营的共享轮椅（图 3-39）。面向家庭的租赁服务，器械类型多样，包括护理床、呼吸机、制氧机、轮椅等。用户只需在网上预约，服务人员便会将医疗器械送上家门，也可到店自取。对有术后护理、康复理疗需求的用户而言，大部分专业器械价格高、使用周期短、使用率不高。该模式很好地解决了这一痛点，缓解了用户经济压力，延长了产品生命周期，提高了产品使用率，与可持续目标相契合。但从另一个角度看，这些专业器材的使用者从医护人员转变为普通用户，且阶段性使用结束后需要回收并转向下一个用户，因此，“代理交互—使用导向”PSS 策略下，共享医疗器械的设计重点将会集中在产品操作的容错性、易用性、易回收、易维护和可移动性等层面。

（3）“直接交互—结果导向”PSS：私人医生

传统医院的主要功能被定位于“治疗”，并不涉及“预防”和“健康管理”。随着生活水平的提高，人们对健康有了更高要求。20 世纪 60 年代在国外诞生的“私人医生”医疗模式，也被称为全科医生或家庭医生，实际上是一种“直接交互—结果导向”PSS 模式。目前欧美的私人医生主要集中在发达城市，携带少量专业工具上门为客户提供日常健康管理和各种常见病诊疗服务，根据用户身体情况判断是否需要转介到其他专科医生或到医院就诊。转望国内，我国肥胖人数已达到 2 亿人，超过 70% 的公司白领属于亚健康状态，国民对个人

图 3-39 共享轮椅（图片来源：网络）

图 3-40 平安好医生（图片来源：网络）

的健康管理也有了新要求。当下，国内飞速发展的互联网、大数据为私人医生的服务提供了更全面的技术支持，如平安好医生（图3-40），推出“家庭医生”服务，为用户提供定制化的、全流程以及线上线下结合的医疗健康服务，其优点也非常突出：①健康监测的连续性，很好地掌握每一个客户的身体健康状况，并且定期为顾客提供综合性的评价与疾病预警；②院前判断的准确性，节省入院资源，避免给医院带来过大的医疗压力；③更优质的服务，虽然家庭医生也采用一对多的服务方式，但与医院内医护人员每天需要服务大量患者相比，“排队一上午，看病三分钟”的窘况不会发生，就诊压力大幅度减轻后的家庭医生，能够提高诊断的准确度和医护服务质量。虽然私人医生在国内发展并不普及，但同样具备“直接交互—结果导向”PSS属性的社区医生、家庭医生能够为用户提供疾病管理和生活方式管理，是我国公共医疗的有益补充，在经济发达、医疗资源相对完善的城市有着非常好的发展前景。

3. 基于成本效率分类法的健康医疗 PSS 设计策略

无论是在紧急情况还是非紧急日常健康管理情况下，抑或是在人均医疗资源充足还是不充足的区域，设计策略都应该向“产品化”靠拢，包括“独立处理—产品导向”PSS 和“代理交互—使用导向”PSS。这两种模式更趋向于降低对产品使用技能的要求，降低产品和服务的成本，让大部分患者及其家属能在不花费过高时间和金钱成本的情况下使用，从而发挥最高效率，实现“生命与健康可持续”。其中“代理交互—使用导向”PSS 可以更好地兼顾环境可持续，可将其视为大部分健康医疗事件的较优解。兼顾服务效率和成本、以独立交互和代理交互为主的“产品和使用导向”策略能适应较多不同场景，值得相关决策者关注。需要补充说明的是，理论上越倾向于“结果导向”，服务占比越大，也越能满足顾客的个性化需求，那么对于“产品导向”和“使用导向”的健康医疗 PSS 来说，也可通过适当增加配套服务来提高个性化和差异化的可能。

第三节　以系统目标分类

一、可持续发展及其四维度理论

时至今日，“可持续发展”的主题更加丰富，涉及的范畴也更加宽广，社会、经济、生态、技术、文化等多个领域都在探寻可能和有效的路径。由于不同国家与地区的发展水平不同，文化、体制、地理环境等发展背景有着较明显的异质性，使得可持续发展本身包含了多模式、多维度、多样性的内涵，因此，可持续发展理念的拓展和应用有着广阔的探索空间。设计创新与实践作为人类发展的主要推动力之一，近年来也从对物质产品的聚焦转而同时对社会问题的关注，“可持续设计”理念已经成为今天设计的基本要素和主旋律之一。

近年来，众多学者围绕文化遗产（包括物质文化遗产和非物质文化遗产）保护和可持续发展模式展开研究，从不同路径对传统文化可持续保护和传承展开思考，也为相关的设计工作打开了新的思路。具体研究包括：

①关月婵从可持续的文化旅游角度出发，以广西京族文化旅游开发为例，提出需协同各开发主体，针对不同文化类型进行差异化开发。

②刘小蓓、高伟基于社会协作的层面，以广东开平碉楼传统村落文化景观保护为背景，对社区参与的可行性、利益相关者的权力关系进行研究，为政府“自上而下”的约束与社区居民“自下而上”的保护结合的传统文化保护方式提供参考。

③吕品田指出手工艺是一种可持续的生态生产力，探讨了如何通过设计对手工艺作为生态之力的开发利用。

④姜军、杨文选认为可以运用经济转化的方式，可持续地传承少数民族非物质文化遗产，提出发掘文化遗产市场需求价值、探索适合市场发展的生产运作模式、打造符合民众精神需求的文化产品等实施思路。

⑤张佳莹把经济可持续、社会可持续、文化可持续、环境可持续

归纳为世界遗产可持续的四大支柱，并通过三个具有代表性的世界文化遗产案例分析指出：在文化遗产保护工作中，应按从文化、环境、经济到社会的顺序进行优先考虑。

二、以系统目标为出发点的“广义 PSS 分类方法”

1. 环境 / 生态可持续 PSS

联合国环境规划署提出的 PSS，目的是从生态环境可持续的角度出发，希望通过服务有效减少物质资源的利用，提高环境效益。从服务设计的角度来说，就是“通过整合各方资源来满足用户需求，通过增加服务和减少消费过程中的物质流”，来实现对环境的友好。

本章第一、第二节介绍的两种 PSS 分类方法，虽然出发点不同，但目标和结果是一致的，都主张从购买并占有产品转变为共享 / 租用产品或服务，都是以环境和生态可持续为目标的“产品 + 服务”系统，即环境 / 生态可持续 PSS。

然而，从广义的角度来说，PSS 的目标不仅仅局限在环境和生态可持续，根据可持续发展四维度理论，经济可持续、社会可持续、文化可持续同样是不可忽视的重要维度，无论是在文化遗产保护与传承领域，还是在与之相关的商业体验设计领域。

2. 经济 / 商业可持续 PSS

服务设计秉持“以用户为中心”“以利益相关者系统为中心”的核心原则，通过对系统、流程、触点的设计，建立一整套闭环的、可持续的解决方案，并构建服务生态。

近年来，文化旅游的趋势逐步上升，需求也日益旺盛，初步形成了“以文促旅，以旅彰文”的新格局。运用传统文化发展绿色经济，成为当下非遗传承工作的关注热点。同时有学者指出：特定的民族文化时空决定了，一旦培育民族文化的生态环境、人文社会遭到破坏，该地区独特的民族文化便会遭到破坏甚至逐渐消亡。发展民族文化产业应尽量保持其原本面貌和特色，避免千篇一律的商业改造。

在竞争日益白热化的商业时代，商业成功高度依赖与众不同的商业模式创新和用户体验提升，因此必须以商业可持续为目标来构建“产品 + 服务”系统，即经济 / 商业可持续 PSS。

3. 社会 / 文化可持续 PSS

在非遗文化的传承中，“人”是关键要素，目前有很多传统手工艺正在处于缺乏传承人的困境，而后继无人则意味着这项工艺即将面临失传。“人”作为文化传承的源动力和社会构成的基础要素，同时也是文化价值的缔造者和持有者。非遗的保护和传承并不是少数非遗传承人能完成的任务，让非遗传承渗透到广大群众的生活中，让更多的群众成为非遗文化的传播者和守护者，才能真正让非遗“活化”。

社会创新设计倡导者埃佐・曼奇尼教授在关于场所营造的阐释中提到场所和地域之间似乎存在着双重关联：一个“地域”的品质取决于其内部的各个场所，取决于这些场所的内容及转变的方式，取决于它们组合起来构成地域的形式和实质的方式，相应地，这些场所的品质也取决于其所处地域提供的框架。

非遗的传承离不开人民群众的“土壤”，而年轻的血液则是文化传承源源不断的“养料”。近几年里，文博行业的“国家宝藏”“中国诗词大会”“我在故宫修文物”等节目吸引了不少年轻人的目光，故宫博物院也通过脑洞大开的文创产品、俏皮可爱的公众号“爆文”等赢得众多年轻人的青睐。通过这种把传统文化内化为流行文化的方式，让民众尤其是年轻人在娱乐中更深刻地了解传统文化，从而推动国民文化自觉的建立。

以“人”为核心，以“物质 / 非物质文化遗产”为媒介，营造各类公共场所和社会节点，并将其有机串联起来，让更多民众（尤其是年轻人）参与进来，从而实现文化传播与传承、社会健康和谐发展，这就是以社会和文化可持续为目标的“产品 + 服务”系统，即社会 / 文化可持续 PSS。

三、以系统目标分类的 PSS 案例分析：以非遗传承为例

1. 案例背景

传统手工艺作为传统文化与生活方式的结晶，承载着深厚的文化意义及精神内涵。然而随着时代的变迁，传统手工艺在科技进步的浪潮中逐渐远离了人们的视野。近年来，为提升国家文化软实力，建立国民文化自信，我国陆续出台了一系列对传统文化加以保护、扶持和振兴的相关政策。随着国人消费能力的提高，旅游经济得到快速发展，

图 3-41　杭州手工艺活态展示馆场景（图片来源：网络）

追求沉浸式和个性化体验的文化旅游成为新的潮流。

在此背景下，传统文化的保护和传承方式必然产生改变，国内一些博物馆或民艺机构也开始对传统文化的活态展示进行探索和尝试（图 3-41）。从走马观花式的参观及千篇一律的纪念品销售转变为形式多样的文化体验消费，将传统手工艺的生产与文旅项目相结合，联合当地居民和民间艺人面向游客开展参与式、多维度和系统化的服务，形成良性的、稳定的、可持续的保护与传承模式，才能真正意义上活化并激发出传统手工艺新的生命力。

接下来，以“造物本院”传统手工艺活态馆（作者：李泳枫，指导：丁熊、刘珊）为例，从可持续理论及服务设计中的可持续理念出发，探讨可持续发展四维度理论在岭南非遗的活态传承服务系统中的设计思路。

2. 案例概况

“造物本院”所在的观心小镇（位于广东省佛山市南海区西樵镇）包含了酒店、餐饮、美术馆、展览馆、禅文化生活馆等多业态文化休闲场所，其中“造物本院”活态馆规划面积约 6000 平方米。由于地处 5A 级景区和城镇周边，展陈内容又富有文化与美学教育意义，因此活态馆的目标用户较为复杂，可以细分为团队游客、亲子家庭、情侣、学校第二课堂、海外研学团、手艺发烧友等，为最大满足用户多样化需求，设计团队将馆内划分为三个空间，一是以“美轮美奂的传统文化展示”为主题的“西街”，二是以“又红又专的创意手作体验”为主题的“东坊”，三是以“寓教于乐的活力亲子游戏”为主题的“三舍”。体验方面则综合了原貌复原、活态展示、制作体验、产品销售、餐饮品尝、游戏娱乐六种形式。

在收集整理岭南地区丰富的传统文化、非遗项目，并对其生产工序流程、环境空间、材料工具、人才资源等条件充分了解之后，筛选出约 40 项非遗项目纳入馆中，主要包含传统手工艺、民俗节庆和极具广府文化特色的传统餐饮小食等。根据项目特点，对其展示和体验方式进行考量，每个项目均采取两到三种体验形式，更立体地呈现出岭南非遗的多层次性。

在目前普遍以“物”为中心的传统展示方式中，非物质文化遗产往往以“历史定格”的状态呈现，容易让观众产生远离当下日常生活的距离感。课题组从“场所精神”角度营造出一个传统手工艺“活态文化空间”，把传统手工艺再次融入到人们的日常生活消费和休闲娱乐体验之中，以实现对非物质文化遗产的“活保护”“活传承”。

从生态、经济、社会、文化四个可持续发展维度对非遗传承进行思考，运用服务设计思维与方法，洞察包含手工艺人、游客、市民、行业协会、文旅企业、学校、政府等多角色利益相关者的需求，链接与整合多方资源，构建多场景的非遗文化体验服务和可持续的非遗活态传承服务，是一项极其复杂、极具挑战性但又具有重要意义的工作。

3. 系统可持续特征

（1）生态可持续属性：生态材料的展示和自然生产方式的体验

传统手工艺作为生产方式的一种，是自然与人文的综合产物，也是一个地区、一个民族文明发展的反映。传统手工艺是一种依靠人力、低污染、低耗能、因地制宜的生态生产力，多采用当地自然资源作为原材料进行生产，如木、竹、藤、草、皮革、毛皮、兽角、兽骨等天然有机材料，以及大理石、花岗岩、黏土等天然无机材料。传统手工艺在创作过程中强调人与自然协调共生的“天工开物”造物精神，其本身就是自然环保的、绿色可持续的生产方式。而生态材料的运用在可持续设计的循环中具有承上启下的作用，不仅是对生态可持续层面的探索和研究，也是为达到社会可持续、经济可持续目标的造物基础。因此在非遗及传统手工艺的传承保护和创新过程中，应遵循其生态可持续属性，回归自然生产方式的本源。

现代生活中，人们接触手工产品的机会越来越少。旅游景区售卖的传统特色纪念品也大多是工业化批量生产的“手工艺品”，虽然形态上不同程度地模仿，但材料和工艺替换，导致价值和情怀大打折扣。当企业的价值提供从物质产品转变为围绕产品功能的服务体验时，无形的、系统的、可迭代的服务有机会创造更大的价值，并在市场差异化竞争中赢得一席之地。在“造物本院”服务系统设计中，一方面强调原汁原味地呈现传统手工艺质朴自然的原生态精神，提倡工艺匠人利用生态材料进行手工艺制作的生产方式达到生态方面的可持续，另一方面，希望通过观展体验（西街）、手作课程体验（东坊）和游戏体验（三舍）来实现内容和服务的输出，将“旅游纪念”从单纯对“物”的消费转移为对特色手工艺“文化”的切身体验。

（2）商业可持续诉求：构建多角色利益相关者融合的服务系统

“造物本院”面向多样化的用户提供不同特质的服务和体验，涉及有形的展示、产品和餐饮等触点，更涉及无形的主题策划和服务流程创新。在“活态文化空间”这一价值主张明确提出、区域和功能规划设定之后，必须思考如何从组织创新角度构建独特的服务系统，协调系统中多角色利益相关者的利益，才能基本保证商业成功和长远发展，也才能实现非遗传承在经济和商业层面的可持续诉求。

从服务系统图（图 3–42）可以看到“造物本院”运作模式上的创新。“造物本院”由观心小镇管理运营，联合“核心资源方”广东省民间文艺家协会，引入手工艺人及相关行业支持，并为手工艺人提供住宿等生活保障和进驻“东坊”。作为手工艺体验空间，“东坊”兼具传统手工艺活态展示和生产性保护功能。生产性保护是非遗的基本保护方式之一，是一种通过生产、流通、销售等方式获取更大的经济效益，从而促进对非遗项目的保护和传承的方式。广东省民间文艺家协会为手工艺人颁发资格认证，作为对其行业地位和工艺水平的认可，调动手工艺人的积极性。获得认证的手工艺人可以在“东坊”开设课程和创作作品，获取课酬和产品售卖的利润分成，从而提高他们的收入。从传播和经营角度来看，传统手工艺人大多缺乏对市场动态的了解和主动销售的能力，往往处于被动状态。“造物本院”将多个非遗项目集中展示、统一管理，一方面，运营方负

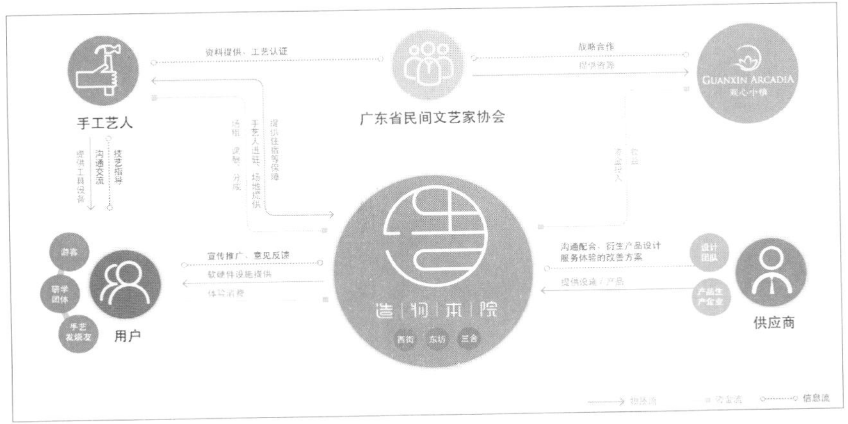

图 3–42
“造物本院”服务系统图

责市场信息、推广宣传以及产品销售，可以使手工艺人可以更专注于工艺品的生产创作中，另一方面，可以形成具有一定产业规模的非遗生态保护区，促进行业间的协作和交流，从而改善以往相对封闭、分散的经营模式所导致的行业发展迟缓状态。

与此同时，“造物本院”服务系统中的供应商也是重要的利益相关者，包括相关设施、产品生产商和第三方设计团队。第三方设计团队通过“造物本院”与手工艺人合作，为其提供更符合现代消费的服务体验方案、手工艺产品改良方案及衍生品的设计，进行品牌的塑造，改善传统手工艺生产与需求脱节的问题。例如，课题组以西关打铜和南海藤编为例，进行了符合“东坊”工艺体验的服务和产品设计，打造了“造吗”（设计：梁智佳，指导：丁熊、刘珊）和“往来”（设计：毛俊钦，指导：丁熊、刘珊）两个手工艺体验品牌。在这两个案例中，对原有工艺制作流程进行了合理的简化，保留精髓部分；对手工艺产品进行年轻化的设计；重新梳理场馆服务人员、手工艺人及用户的关系，构建新潮的、个性化的传统手工艺课程及空间体验，吸引更多年轻人通过亲手制作的方式认识和了解非遗文化（图 3–43、图 3–44）。

图 3–43 “造吗”西关打铜体验空间与产品设计

图 3–44 “往来”南海藤编体验空间与产品设计

从服务系统的宏观角度看，“造物本院”与周边旅游景区相互赋能，在依托西樵山景区旅游资源的同时，为景区及周边地区营造更具地域特色的文化氛围，提高当地旅游知名度和吸引力，聚集人气，从中寻找更多商机，同时也更有利于当地传统文化的推广传播。文旅融合、多角色利益相关方融合的“造物本院”为传统手工艺的活态传承提供了一种可持续经营的思路和范式。

（3）社会可持续愿景：以人为本的场所营造和服务共创

因此，课题组在“造物本院”服务系统设计的过程中，也同时关注到了如何搭建社区参与的桥梁、提高社区参与度的问题，将非遗传承同步到社区文化生活的场景塑造之中，增强居民的文化归宿感，自下而上地推动非遗文化的传承。

在项目前期，课题组通过问卷调查和用户访谈的方式对手工艺人、当地居民、游客等利益相关者进行研究，同时邀请这些利益相关者和运营方、服务设计师参与到共创工作坊当中。在了解多角色利益相关者不同需求的同时，希望能充分联动“地域框架”中的资源，把当地现有的旅游、文化建设和当地居民生活习惯等社会组成中的有利因素运用到“造物本院”的服务系统之中。“造物本院”将传统手工艺原本封闭式、作坊式的“小场所”整合为开放式、商业化的“大场所”，通过特定的服务场景和流程设计，实现开放式的展示、生产、销售和体验，并且在三个主题空间中设置多点互动，形成一个传统手工艺文化的分享交流平台。同时，设立部分兼职岗位，联动周边居民（包括村民、青年学生、手艺爱好者等）参与到活态馆的服务提供中，由他们为游客介绍本土文化、参与生产性保护工作或辅助手工艺人开展课程。“造物本院”通过对场所“节点”模式和连接路径进行创新，重组了一张更有弹性的社会文化传播与传承网络，以实现社会层面的可持续发展愿景。

（4）文化可持续目标：多场景、沉浸式体验提升文化自觉

在服务和体验导向的信息时代，主客体的身份逐渐模糊，用户的身份已经从被动接受者转变为主动参与者、内容制造者和文化传播者，成为博物馆活动的核心。服务体验的优劣评判来源于用户内心的主观感受，服务价值主张是否被认同、服务流程是否顺畅、有无高峰体验等成为决胜的关键。在“造物本院”服务的用户中，年轻群体占了相当大一部分，他们对体验感和参与感需求更高的同时，也乐于记录和分享生活。为此，“造物本院”在主题设定和观展及

体验方式的设计上，融入了更多时尚、潮流的元素，以“穿越时空”为主题，探索非遗文化的“前世今生”。其中“西街”历史展示区代表的“前世”展示了传统文化的起源和过去的辉煌，“东坊”手工体验区代表的“今生”呈现了传统手工艺当下和未来发展的可能性。在“造物本院”主入口处，游客可以通过“任意门”随机“穿越”，为用户带来更多惊喜和乐趣，是一种符合年轻人、亲子家庭个性化需求的体验方式。

具体以“西街”为例来说明岭南非遗故事的展陈思路和多场景、沉浸式的场景体验设计。“西街”展区按展示内容分为传统工艺、民俗节庆、特色美食三个部分，共展示 40 余项非遗项目。展区内整体参考广府特色的骑楼和岭南民居等元素构成室内街景（图 3-45），为游客营造一种穿越到民国时期广东的氛围，凸显地域文化特色。场景的打造以“网红打卡地”为目标，吸引用户以拍照或直播等方式在社交网络分享，为品牌推广和非遗文化的传播搭上互联网快车。为了增强用户观展的参与感和沉浸感，“西街”内的展陈设计以“梁府贺寿”的故事为线索将每个项目串联起来，并以此作为导览动线，引导观众代入“梁府客人”的角色到此“游玩”。除步行之外，观众还可以选择乘坐线路、时长和故事内容都不相同的两款智能导览车进行观展，获取更丰富的体验乐趣（图 3-46）。

“西街”的传统工艺区以生产场景原貌复原、制作步骤展示、精品与模型展示、智能交互装置、图文视频介绍等方式呈现，多角度地展示了岭南非遗的魅力；民俗节庆区以场景再现等方式，展示如烧番

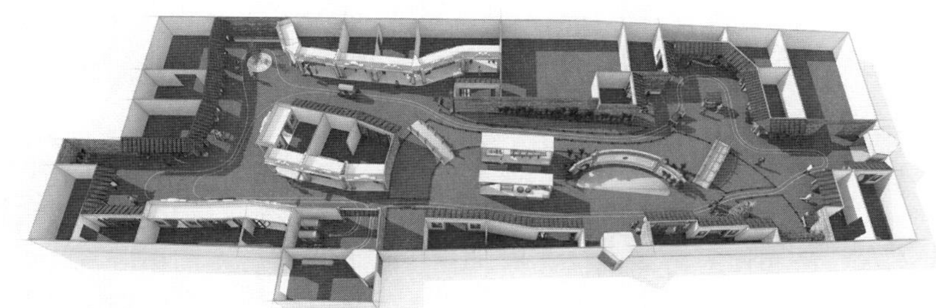

图 3-45
“西街”空间设计及街景效果图

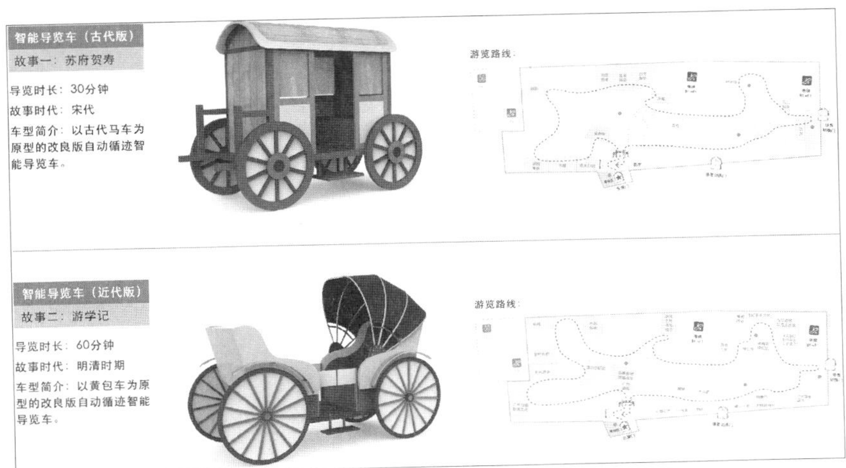

图 3-46
“西街”不同观展方式与故事线索

塔、行通济、醒狮、龙舟等广府特色节庆活动；区域内设有开放式舞台，可供名家讲座、民俗表演、文化公开课等活动使用；特色美食区则集合展示与售卖的功能，并设有鸡公榄、艇仔粥等流动商贩，真实还原了广府美食的独特场景和韵味。试想观众以“赴约客人”身份徜徉在岭南小镇“街景”中，边走、边看、边吃、边玩，这种通过“五感”全方位“被照顾”的观展方式，无论在生理上还是心理上都最大限度地达到了“身临其境”。

教育是实现文化可持续发展的重要手段，但教育的方式有很多种。在“造物本院”的服务中，传统技艺与现代元素相结合，场景化展示与体验活动互为补充，娱乐与学习相融合，岭南非遗在这个空间里变得“活泼”起来，走进了年轻人和孩子们的世界，成为年轻人休闲活动的新选项、中小学生传统文化学习的第二课堂，乐趣产生兴趣，非遗传统文化的种子重新在年轻一代的心中和生活里生根发芽，民族文化的自觉和自信也就更加容易建立了。

作业一：产品服务系统案例分析（随堂小组作业，4~5 人 / 组）

以国内外商业化产品为范畴，对产品服务系统案例进行分析，每种类型（产品服务占比三导向类型 + 系统目标四类型，合计七个类型）不少于 2 个案例，并简要分析该企业及产品或服务的核心竞争力，完成案例分析报告（每个案例不少于 5 页）。

[第四章]

产品服务系统的构建

产品服务系统构建是产品服务系统设计流程中的重点。按照产品服务系统类型划分的不同，其系统构建方法略有不同。

以产品为主要输出物的 PSS，其系统构建方法基本与产品设计流程一致，大体包括：

①设计准备：企业提出产品设计要求，设计师设计计划。

②市场调研：包括实地考察、网上咨询、查阅资料等途径。

③设计定位、创意草图、设计效果图：根据市场调查分析结果对产品设计定位；通过头脑风暴等方法，构思多个产品创意，并不断讨论、选择、修改与完善，直至确定一种或多种产品效果图。

④结构设计：完成产品造型中的结构设计，包括尺寸、材料、加工工艺等。

⑤模型与样机制作：按照产品效果图要求制作实物模型，以检验产品设计的外观造型、人机尺度、色彩、质感等；按照产品结构要求，进行原材料采购，加工制作（CNC、3D 打印等方式）产品及其零部件，以检测产品功能结构、性能（如电源绝缘性能、耐用密封性能等试验）及组装方式等。

⑥小批量试产与批量生产：通过模具开发、小批量试产，产品达到一定的合格率之后，才能进入批量生产阶段。

以服务为主要输出物的 PSS，其系统构建方法则一般以服务设计双钻石流程方式展开，包括发现、定义、发展和传达四个阶段，详细流程参见第一章第三节。

回到可持续背景下的产品服务系统设计框架，可以借鉴 Ulrich 关于产品设计程序的研究，分为 6 个阶段：

①参与者各方的需求分析。在 PSS 方案设计中需要考虑所有参与者的需求，包括最终用户、服务提供者、设计师和服务分销者等，通过收集产品生命周期各阶段中各方参与者的需求和利益，构建经济价值、生态价值和体验价值框架体系，并形成具体的设计需求。

② PSS 功能建模。功能建模是 PSS 方案设计和产品设计中非常重要的一个部分，可以明确 PSS 的整体功能和服务提供者、接受者。通过各方参与者需求分析，获得 PSS 整体功能模型，根据产品生命周期中物质流、服务流、信息流和资金流的逻辑关系将系统整体功能分解为若干子功能。

③各方参与者行为建模。行为是服务元素的重要组成部分，服务提供者和服务接受者之间的互动就是通过连接各方行为来实现的。每个行为都有自身的特殊情景，为了更细致地描述行为，可利用与行为密切相关的各要素来构建基于情景的行为模型，包括行为的实施者、

接受者和第三方参与者等。例如使用顾客旅程图或用户体验地图来分析 PSS 各方参与者在特定流程、情景和环境中的行为。这里的流程包括产品或服务使用的前、中、后；情景包括目标情景、相关设施、物理情景以及心理情景等；环境则包括行为发生的内部空间、外部空间和虚拟空间。

④生成服务元素。服务元素主要是由各种行为构成，通过使用服务蓝图，将各种行为和功能对应起来生成服务元素。

⑤生成产品元素。产品元素的确定以功能分析为基础，利用功能行为矩阵，确定可以满足功能需求和行为习惯的产品元素的各种组合方案，用以生成 PSS 方案。

⑥生成 PSS 方案。以服务元素为基础，在考虑各方参与者行为和产品元素基础上，生成 PSS 方案。

综合上述 PSS 构建方法，为便于学习和使用，本章提出一个具有更普适性的 PSS 构建方法，包括“价值主张”“系统架构”“服务流程”“触点设计”“原型测试”五个环节。接下来以“PCES 院前协同急救服务系统设计”（设计：韩佳瑶，指导：丁熊、刘珊）为例，来介绍这一构建方法的具体过程。

第一节　价值主张

一、问题洞察

问题洞察阶段，主要工作在于发现问题，需要从项目背景、现状分析等方面入手，一般采用桌面研究（包括政策研究、行业报告研究、案例研究等）、实地调研等方法。

1. 项目背景

（1）未来城市发展方向

未来的城市会日趋智慧化发展成智慧城市，智慧城市会运用信息和通信技术手段感测、分析、整合城市运行核心系统的各项关键信息，从而对包括民生、环保、公共安全、城市服务、工商业活动在内的各种需求做出智能响应。其实质是利用先进的信息技术，实现城市智慧式管理和运行，进而为城市中的人创造更美好的生活，促进城市的和谐、可持续成长，如图 4–1。

（2）未来医疗发展方向

越来越多的人开始关心未来医疗的发展方向，互联网企业将成为智慧医疗发展的主力军，2013 年至 2014 年近两年国内互联网医疗创业投资事件多达 66 起，关注互联网医疗领域的投资机构共 58 家，投资机构活跃次数总计 91 次，披露融资额 5.8 亿美元。移动医疗将迎来爆发式增长，随着移动互联网发展、智能终端普及、传感器技术进步、互联网基础设施改善使得移动医疗快速发展。同时，健康管理成为关注热点。新技术的应用会更加普及。“十三五”期间，随着云计算、大数据、移动互联网、社交网络媒体等新兴技术的发展，其在智慧医疗行业中的应用将更加普及（图 4-2）。

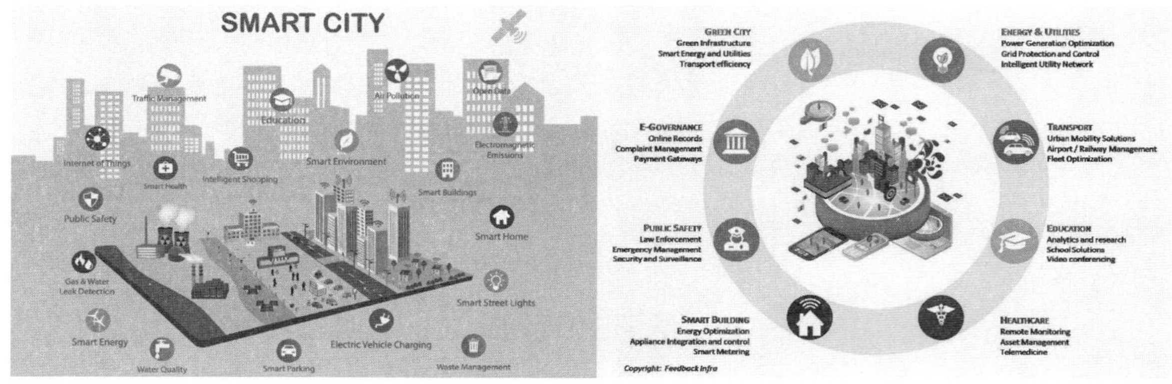

图 4-1　智慧城市及其应用（图片来源：网络）

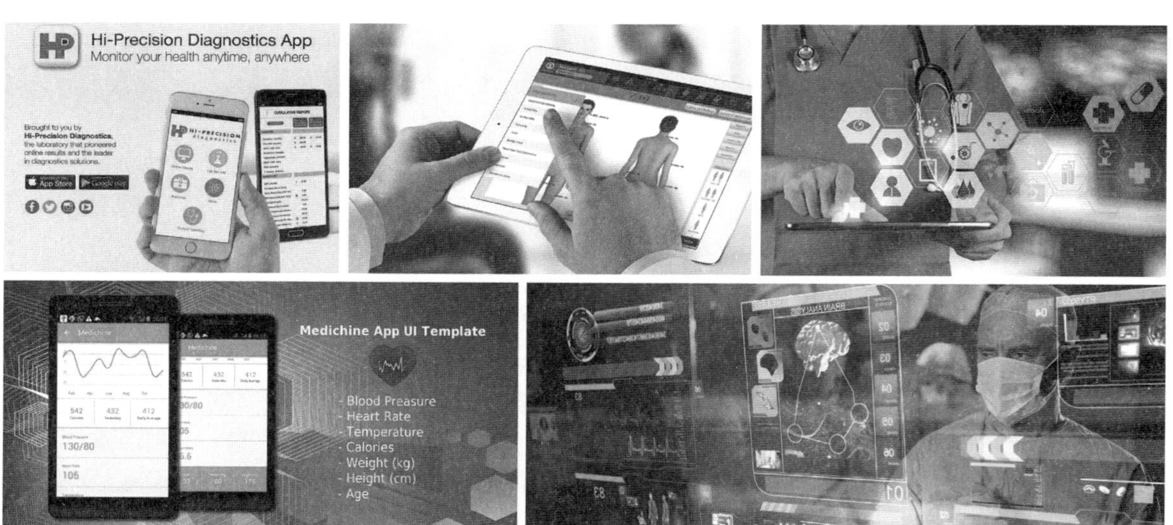

图 4-2　智慧医疗与健康管理（图片来源：网络）

2. 现状分析

（1）医疗系统现状分析

近年来，我国人口总数和老龄人口数持续上升，各类医疗机构就诊人数相应增长，导致我国医疗服务需求加速释放。根据《国家应对人口老龄化战略研究》课题组的估计，2025 年老龄人口将突破三亿；北京大学国家发展研究院研究表明，65 岁以上老年人口组的年均医疗费用远远高于其他组别的人群，这说明老龄人口对医疗服务消费较其他组别有更明显的推动作用，医疗服务的需求在未来仍会加速释放。

医疗资源总量不足也是医疗系统面临的一大问题，虽然我国医疗服务资源的供给量逐年增长，但医疗资源总量仍不足。我国的卫生总费用占 GDP 比例始终维持在 4%~6%，2015 年这一比例仅为 6.05%，远低于发达经济体。

政府持续加大卫生相关投入，政府投入是医疗服务行业发展的关键推动力。近年来政府于医疗领域的投入持续增加，政府卫生支出自 2005 年的 1552.53 亿元增至 2015 年的 12475.28 亿元，年复合增长率达 23.17%；占卫生总费用比重从 2005 年的 17.9% 增至 2015 年的 30.45%。

（2）院前急救的重要性

院前急救指对遭受各种危及生命的急症、创伤、中毒、灾难事故等病人在到达医院之前进行的紧急救护，包括现场紧急处理和监护转运至医院的过程（图 4-3）。

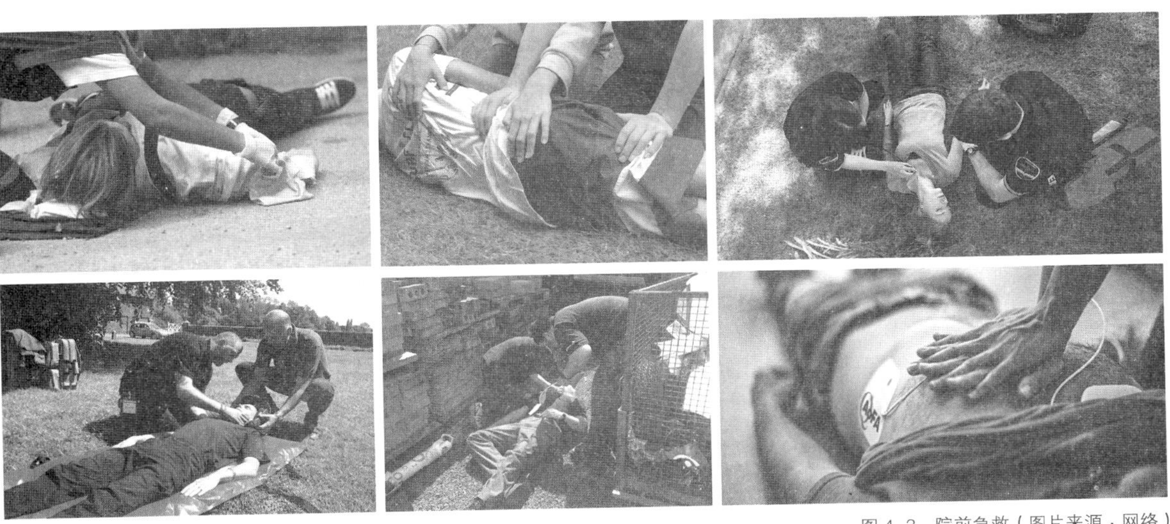

图 4-3　院前急救（图片来源：网络）

调查发现每年死于心脏疾病的人数约为 940000 人，其中死于突发心跳骤停的人数为 350000 人。人口调查发现，每年院外心跳骤停的发生比例为 1：1000，每天约有 1000 人发生心跳骤停，在老年人比较集中的地方发生率更高。在这些患者中，约有 75%的患者的心跳骤停发生于院外。

大量研究发现存活率与发作心跳骤停到除颤的时间有明确的关系，存活率随着急救时间的延迟而显著下降。除颤每延迟 1 分钟，存活率就降低 10%，因此，如果当心跳骤停发生 10 分钟后才开始复苏，患者的存活率几乎为 0。

（3）院前急救的现状分析

①急救人手不足且严重流失。近年来，随着人口的持续增长和社会经济的不断进步，人们对院前急救的需求也呈现出前所未有的增长势头。据统计，2016 年深圳 120 急救中心接警 66.9 万个，出车 16.6 万次，救治 13.7 万人次。按照国家的相关规定，每辆救护车上应该配备有专职的急救医师，而深圳的情况则是：2015 年应有急救从业人员 1278 名，但是真正在岗工作的只有约 895 名（其中急救医师应有 426 名，实际只有 306 名），实际缺口接近 1/3。

②急救设备不足。按卫生部《医疗机构基本标准》要求：每 5 万人口应配 1 辆急救车。截至 2012 年底，深圳流动人口为本市户籍人口的 5 倍，已达到 1532.8 万，全市人口总数突破 1800 万。按照规定，深圳的救护车数量应该不少于 360 辆。然而，深圳现有紧急医疗救护车为 148 辆，每天实际在路上行驶的救护车仅为 100 辆左右。

③急救时间紧迫。在我国，因猝死造成的死亡 87.7% 发生在医院外，也就是说当医生到达患者身边时，患者已不可挽救。《美国心脏病学会杂志》的研究表明，当遭遇院外心脏骤停，在没有进行心肺复苏等抢救措施的情况下，每多延迟一分钟，存活率就下降 7%~10%，15 分钟后，哪还有什么存活率可言。

④民众普遍缺乏急救意识和技能。现实生活中存在大量真实案例，如：脊柱外科主任张永刚，机场因心脏骤停死亡；女子倒地猝死，路人惧且急救方式不当未施救；福州中年男猝死大巴，全车无一人懂急救（图 4–4 左）；88 岁老人摔倒无人扶，1 小时后窒息身亡（图 4–4 右），等等。这些案例不仅显示出目前院前急救系统不完善，还体现出民众普遍缺乏急救意识和技能的问题。

图 4-4
民众普遍缺乏急救意识和技能
（图片来源：网络）

3. 发现问题

（1）院前急救现有问题分析

根据对现有急救流程的调查分析可知，现院前急救存在如下问题（图 4-5~ 图 4-7）：

①时间的问题：急救流程复杂，耗费时间较长。

②民众的问题：缺乏急救意识；不敢救，害怕承担责任；不会救，缺乏急救培训；对于急救设备，公众的知晓率低。

③医护人员的问题：现有医护人员人手不足；未设立专门的院前急救师；受理急救电话时，记录错误。

④急救系统的问题：公共急救设备不完善；救护车数量不足。

⑤意外的问题：交通堵塞；交通事故意外；天气灾害。

（2）院前急救待解决问题分析

将院前急救现存在的问题，通过问题卡的方法进行整理，并对所有问题的紧急性、期望性、价值性、显隐性进行分析（图 4-8）。通过分析确定最迫切需要解决的问题是紧急的、期望内的、显性的、高价值的问题（图 4-9）：急救流程复杂，耗费时间较长；现有医护人员人手不足；救护车数量不足；民众不会救，缺乏急救培训。

二、用户角色

完成问题洞察之后，需要进一步研究用户及其需求，采用问卷、访谈、用户角色（Persona，业界也常叫作用户画像）等方法。

为了解用户对院前急救的需求、设计合理的院前协同急救服务系统，做了如下调查：共发放 50 份调查问卷（收回有效问卷 42 份），电话调研 12 人，访谈 7 人。在用户调研中，选定 5 个较有代表性的人作为调研目标：晕倒的老人（用户 A，图 4-10）、突发不适的

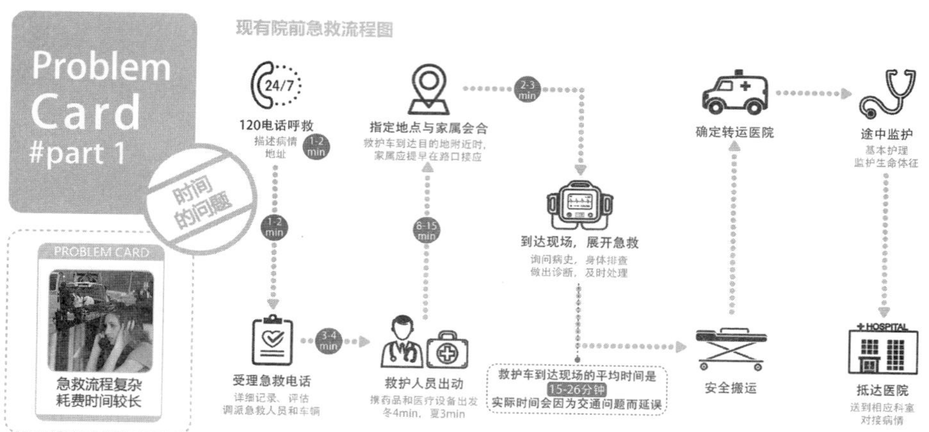

图 4-5
现有院前急救问题卡（一）

图 4-6
现有院前急救问题卡（二）

图 4-7
现有院前急救问题卡（三）

图 4-8
院前急救现有问题分析

图 4-9
院前急救待解决问题

年轻人（用户 B，图 4-11）、急救志愿者（用户 C，图 4-12）、医护志愿者（用户 D，图 4-13）和接力志愿者（热心路人，用户 E，图 4-14），并对他们进行访谈对话，目的是为院前协同急救服务系统提供强有力的分析，做出正确的规划和设计方向。

用户 B 是广州某公司的数据分析师，在访谈过程中，她表示自己工作很忙，吃饭作息没规律，几乎天天都要加班，遇到节日时甚至会通宵工作，身体不如以前了。由于长期高强度的工作，她有偏头痛、慢性胃炎和腰椎病。谈到急救能力，她表示自己对疾病有一定的判断能力；遇到有人不舒服需要帮助时，也乐意帮助拨打急救电话，但因为自己未受过专业培训，所以不敢上前救治。谈到院前协同急救服务系统，她表示很希望有这样完整的急救系统，从用户角度出发，她希望该服务系统是及时的、专业的、可以帮助患者尽快脱离生命危险。

用户 D 是广州某医院的普外科主治医师，在访谈过程中，他表示现在的院前急救全部依赖急救中心的医护人员，压力过大。在谈及院前协同急救服务系统时，他表示确实需要这样的急救系统。一方面，可以通过社会力量缓解院前急救的压力；另一方面，让更多的人有急救意识和技能，是非常必要的。他自己也愿意在非工作时间加入该服务系统，为身边有需要的人提供帮助。

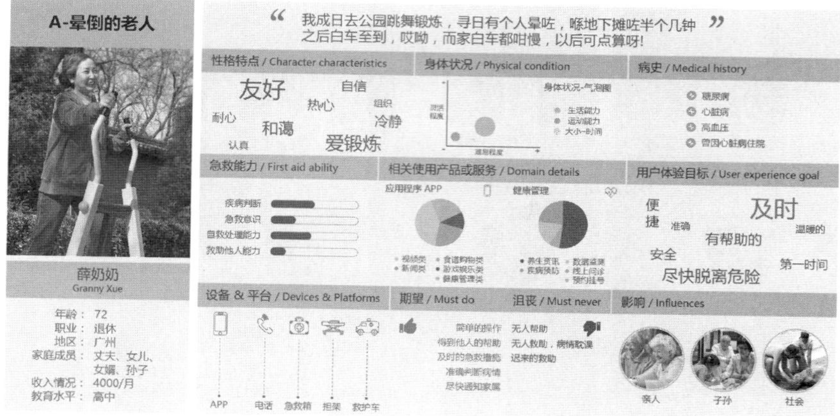

图 4-10
用户画像（A）

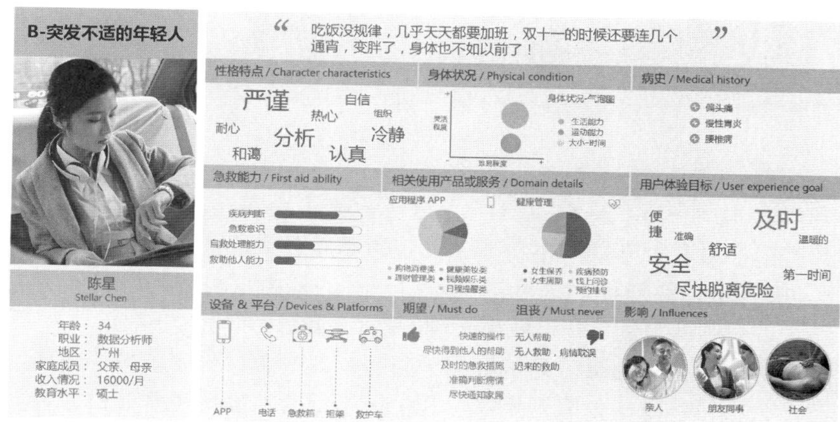

图 4-11
用户画像（B）

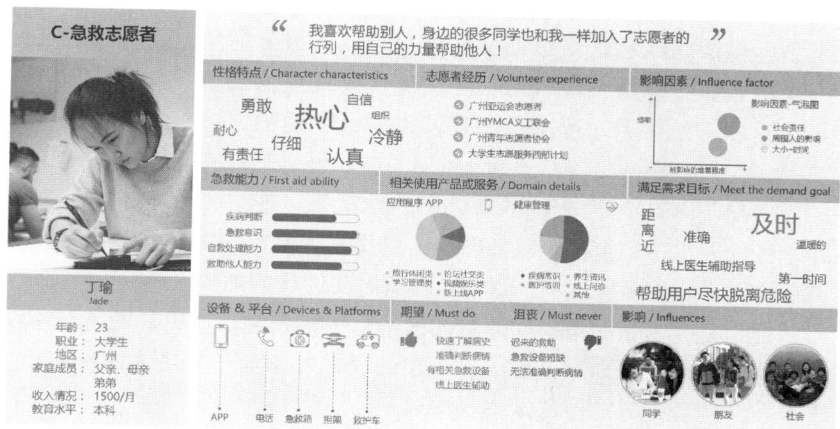

图 4-12
用户画像（C）

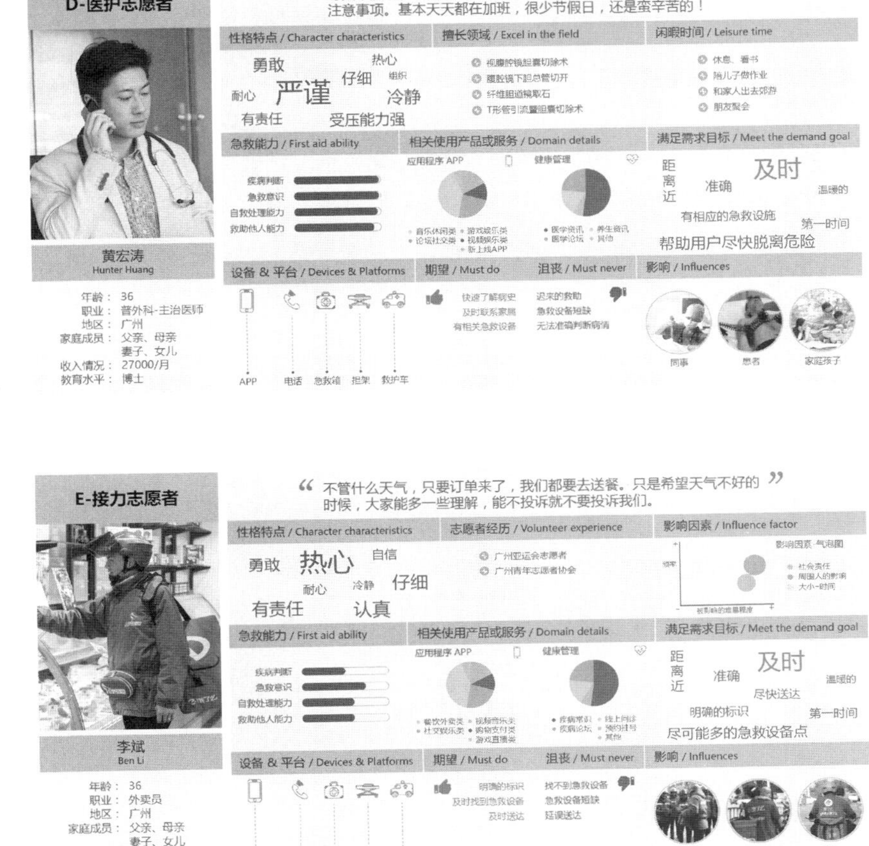

图 4-13
用户画像（D）

图 4-14
用户画像（E）

三、价值主张画布

价值主张是整个商业模式的核心，它描述了产品或服务提供的价值与顾客需求之间如何建立联系，以及顾客为什么买你的产品或服务。

价值主张画布是 Alex Osterwalder 在《价值主张设计》一书中提出的一款工具，用于从客户的真正需求出发，推导出相对应的解决方案。它的目标是让创业者或企业提供的产品和服务与市场相匹配，吻合市场需求。

PCES 全名“院前协同急救服务系统”，是 120 急救中心提供的配套服务。该服务的价值主张是通过社会力量为民众提供院前协同急救服务，其推导逻辑如图 4-15 所示。

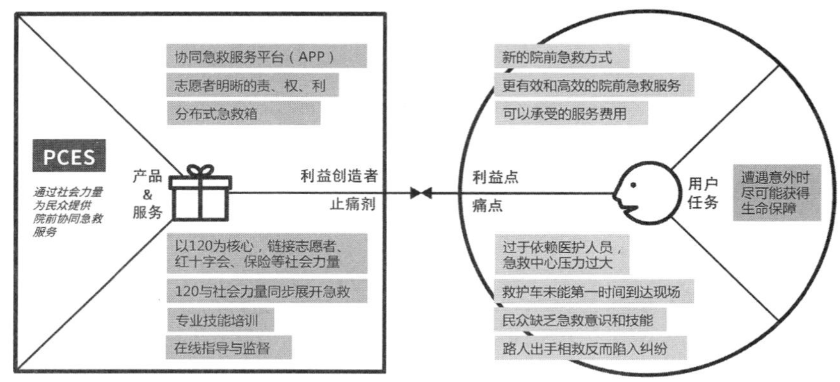

图 4-15
PCES 价值主张画布

目前，院前急救过程中的痛点包括：过于依赖医护人员，急救中心压力过大，救护车未能第一时间到达现场（来不及救）；民众缺乏急救意识和技能（不会救）；路人出手相救反而陷入纠纷（不敢救）等问题。基于生命安全的需求，无论是患者还是医方，都希望有一种新的、更有效和高效的院前急救方式。

PCES 以用户为核心，有效链接了患者、120 急救中心、志愿者协会和红十字会等利益相关者。当意外发生时，急救中心将求救信息同步发布到 APP 上，附近的志愿者、热心市民借助分布式急救箱，以协同方式参与到院前急救过程中。同时，系统也周全地考虑了志愿者的责、权、利，服务系统的可信程度，以及系统运作经费统筹等问题。

四、电梯法则

明确价值主张之后，系统的功能就可以被定义了。这里的功能包含核心功能、附加功能和未来功能，如图 4-16。

①核心功能：提供急救服务；提供线上远程指导施救服务；提高急救设备的普及率；发布院前急救的消息。

②附加功能：急救处理的交流学习平台；急救设备使用的交流平台；发展更多急救志愿者；培养民众的急救意识。

③未来功能：大众健康数据库建设；搭载人脸识别技术—辅助判断；智能化的急救设备；智能硬件辅助施救。

其中核心功能是实现服务价值主张的基本要素，是本次设计的主要关注点。为了更好地描述产品或服务的价值主张和内容，还可以采用电梯法则进一步凝练。

电梯法则也叫“30 秒电梯演讲”“电梯理论”，是全球最著名、

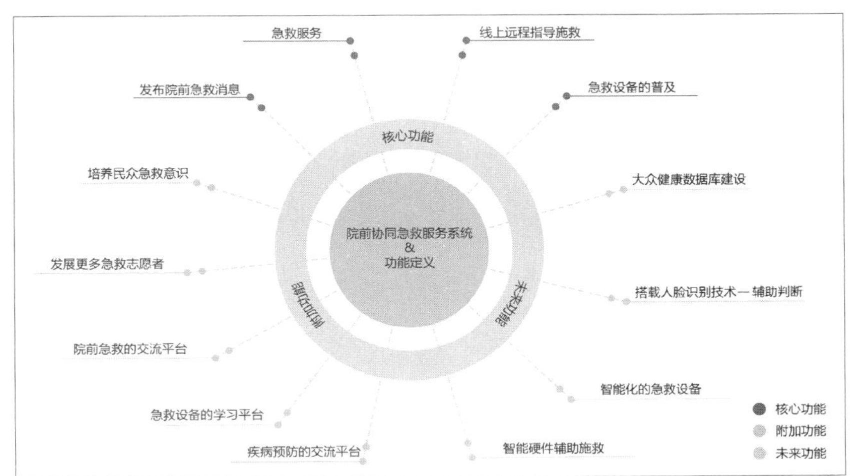

图 4-16
PCES 系统功能定义

最成功战略咨询公司麦肯锡独创的一种极度高效的表达法则，它要求员工凡事都要在 30 秒内把结果表达清楚。

电梯法则一般遵循“131 演讲框架”，即结论先行、支持结论的三个理由、总结。对应到产品或服务价值主张的表述，大致可以按照“为了 (共识 / 目的)，(企业) 通过 (某种手段) 的方式优化 / 升级产品，来满足 (用户) 的 (什么) 需求，而非 (竞争对手) 那样”的句式来进行。

例如：PCES 的价值主张用电梯法则可以表述为：为了提高院前急救服务的质量、保障人民生命安全，120 通过链接志愿者、红十字会、保险等，为民众提供院前“协同急救”服务，来满足社会力量快速施救、有能力施救和敢于施救的需求，而不像传统 120 报警后“唯有等候”那样。“协同急救，不让生命等候”。

第二节 系统架构

一、利益相关者地图

利益相关者 (Stakeholder) 的概念最早在 1963 年斯坦福研究所的一次内部备忘录中被使用。它首次定义利益相关者为：“如果没有这些团体的支持，有些组织将不复存在。” 在服务设计中，一个不同的定义被广泛地应用到管理和商业环境下：“利益相关者是对项目本质有合法利益的人。”

利益相关者地图（Stakeholder Map）旨在阐明角色和关系。它用于发现与项目有利害关系的个体或者组织，并且将这些个体和组织根据与项目的关联性，对项目的影响力，重要性分级别。通过分析各组织和个人之间的相互作用与关系，找出对项目最重要的某个或多个主要研究对象。

PCES 利益相关者地图见图 4–17。

二、服务系统图

服务系统图（Service System Map）是用来视觉化描绘服务系统动态机制的工具，也被称为系统范式图。服务系统图以箭头指向的方式将不同的利益相关者连接起来，组成若干的服务关系链条，对服务中各类元素、结构和行为进行表述，帮助设计师厘清各要素之间的信息、资金、物质流动情况和交互关系，同时帮助用户更容易地理解和操作。

如图 4–18，PCES 院前协同急救服务系统是 120 急救中心提供的配套服务。急救中心将求救信息同步发布到 APP 上，这样在急救现场附近的志愿者就会收到求救信息并采取相应的协同急救行动。在这个服务系统中，医护人员可选择性地加入，在非当班时间为患者提

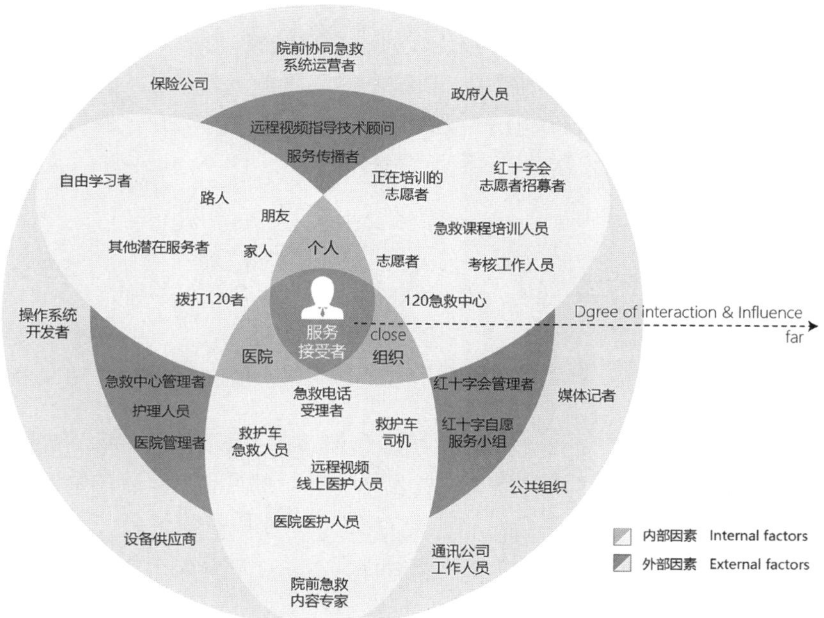

图 4–17
PCES 利益相关者地图

供急救服务；也会通过公开(如志愿者协会)和定向的方式来招募“急救志愿者”。志愿者在注册、审核、培训后就能获得急救资质；而只是通过了审核的热心市民则成为“接力志愿者”，提供运送急救设备的服务。

120 急救中心将会按照城市人口密度，在城市街道、公园、商场、社区等公共空间合理地设置一定数量的分布式急救箱，并定时对急救设备进行维护和补充，急救箱内的设备将由相应的供应商提供。

享受该服务的患者在支付基本急救费之外还需支付院前急救的服务费；保险公司可为用户购买该服务，来减少意外险的理赔。

该服务系统的运营团队会在 APP 上发布急救资讯和急救手册，提高用户的急救意识和急救能力；让更多普通用户看到院前协同急救的资讯，鼓励更多用户成为志愿者。

运作整个服务系统的资金来自政府和使用该服务的患者。一方面，政府可拨款给红十字会，用于急救培训和认证；另一方面，政府可在原有公共医疗拨款的基础上增加一部分拨付给 120 急救中心作为 PCES 的专项资金；此外，患者的急救费用和保险公司购买服务的保费也将由 120 急救中心来统筹和管理，以便更好地运作该服务系统。

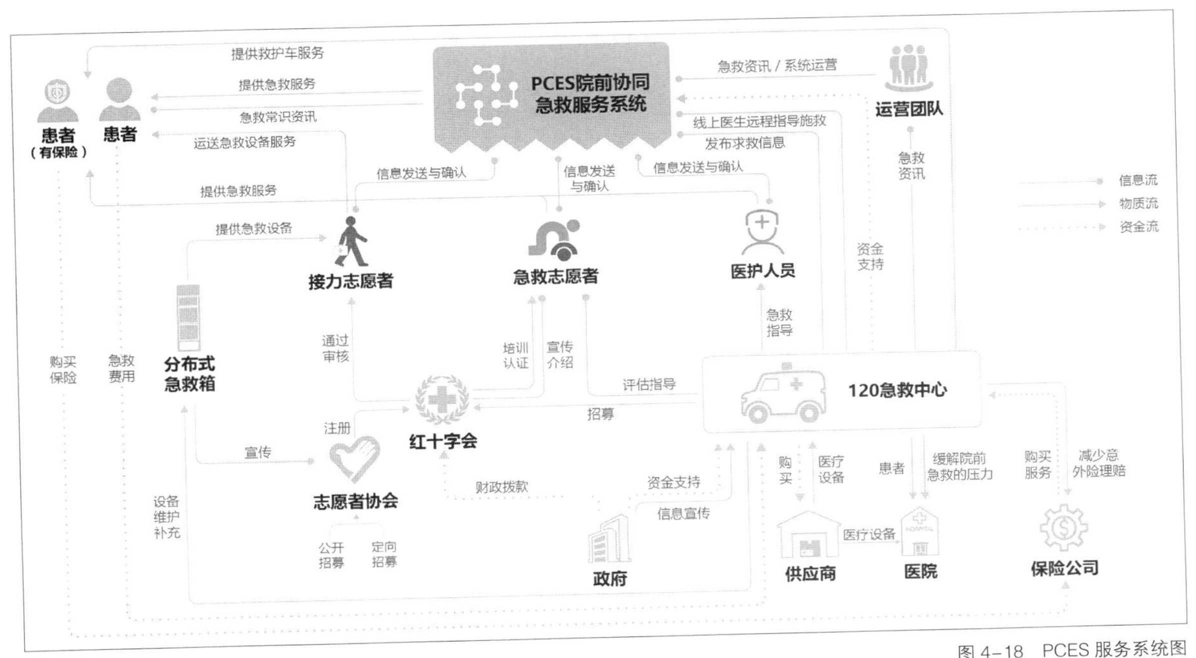

图 4-18 PCES 服务系统图

三、商业模式画布

商业模式画布（Business Model Canvas）用来分析如何创造、传递并获得价值的基本原理。它帮助企业、组织或个人描述清楚商业游戏规则或发展路径。画布通过具有特定功能的九大模块展示出一家公司寻求商业价值的逻辑思维，但模块之间没有明确的指向关系。这 9 个模块分别是：价值主张、重要伙伴、关键业务、核心资源、客户关系、客户细分、渠道通路、成本结构和收入来源，如图 4–19。

①价值主张：通过社会力量为民众提供院前协同急救服务。

②重要伙伴：该服务系统的重要伙伴是 120 急救中心、红十字会和志愿者协会。120 急救中心发布求救信息；提供专业的远程线上指导与评估；提升用户对服务系统的可信度。志愿者协会负责宣传并招募志愿者。红十字会负责志愿者的急救培训考核工作。

③关键业务：提供院前协同急救服务。

④核心资源：该服务系统是 120 急救中心提供的配套服务，是通过社会力量和资源建立的服务体系。因此服务系统的核心资源是 120 急救中心和急救志愿者。

⑤客户关系：通过提供及时有效的院前急救，与客户建立相互信任的关系。

⑥客户细分：任何人都有发生意外的可能，因此该服务系统的客户群体是所有民众，尤其是有病史或存在潜在危险的民众。

⑦渠道通路：用户可通过志愿者协会的宣传招募、APP 的宣传

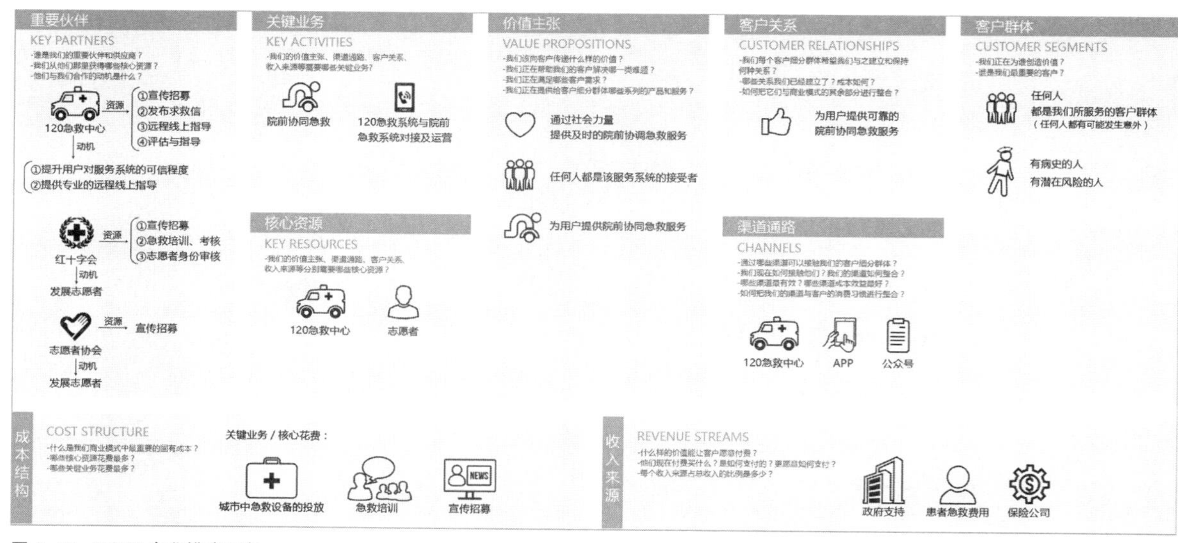

图 4–19 PCES 商业模式画布

推广、公众号的推广以及相关新闻资讯了解或加入该服务系统。

⑧成本结构：在整个服务系统中，花费较多的是分布式急救箱的投放、急救培训和考核的成本以及宣传招募成本。

⑨收入来源：该服务系统的收入主要来自政府支持、患者急救费用和保险公司投保。一方面，政府可拨款给红十字会，用于急救培训和认证；另一方面，政府可在原有公共医疗拨款的基础上增加一部分拨付给 120 急救中心作为 PCES 的专项资金；此外，患者的急救费用和保险公司购买服务的保费也将由 120 急救中心来统筹和管理，以便更好地运作该服务系统。

第三节　服务流程

一、顾客旅程图 / 服务流程图

为了使整个服务系统运作顺畅，必须对服务本身及用户参与服务的流程进行研究和再设计，该服务流程包括服务前、服务中和服务后，可以通过顾客旅程图或服务流程图（图 4-20）来表达。

服务前，红十字会和志愿者协会将通过公开和定向的方式来招募志愿者，志愿者在注册、审核、培训后就能获得急救资质，成为“急救志愿者”；而只是通过了审核的热心市民则成为“接力志愿者”，提供运送急救设备的服务。医护人员可选择性地加入，在非当班时间为患者提供急救服务。

服务中，当意外发生时，拨打 120 急救电话，急救中心受理后派车前往现场，同时将急救信息发布在 PCES 的 APP 上。急救志愿者收到求救信息后“确认帮助”并立刻前往事故地点；APP 收到急救志愿者的帮助回复后，又立即自动发布了“寻找及运送急救设备”的信息，附近的接力志愿者看到消息后，确认“前往帮助”，并根据 APP 上的“最优路线推荐”，找到距离自己最近的分布式急救箱，“扫码开箱”并取走设备送往现场。急救志愿者到达现场后对患者的病情进行诊断，接力志愿者很快带着急救箱赶来，急救志愿者开始施救。在整个急救过程中，急救志愿者一直与急救车上的医护人员保持联系，并通过 APP 录像。救护车被塞在路上，30 分钟过后终于到达急救现场；急救志愿者与医护人员交接了情况后离开，医护人员将患者抬上救护车，前往医院做进一步的检查和治疗。

服务后，享受该服务的患者在支付基本急救费之外还需支付院

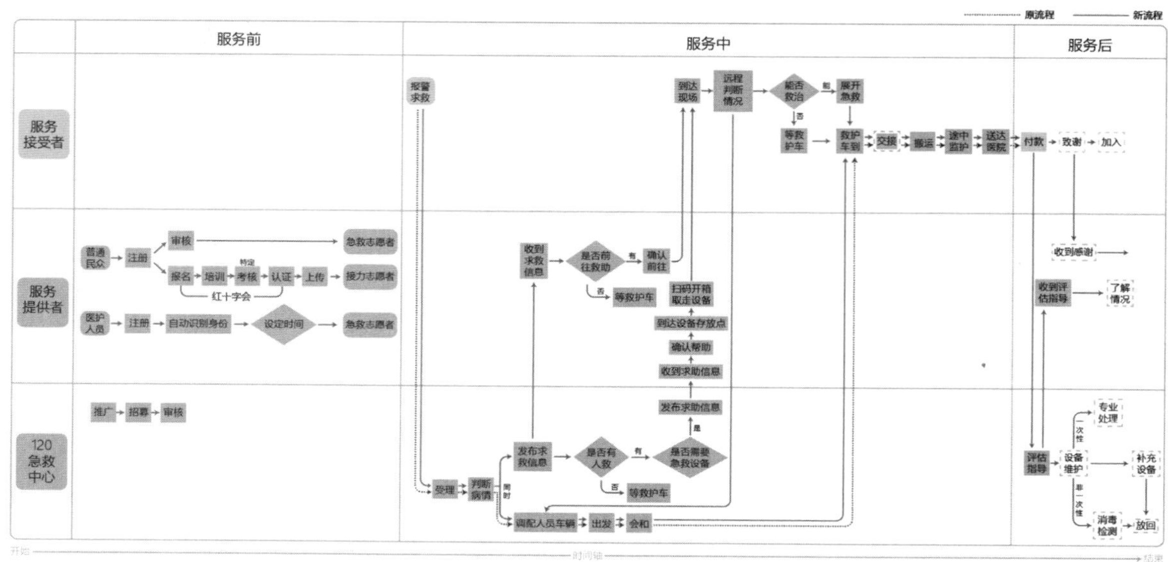

图 4-20 PCES 服务流程图

前急救的服务费。同时可通过 APP 向急救志愿者致谢，也可以加入该服务系统，通过培训后成为志愿者。在急救后，急救志愿者会通过 APP 收到评估指导，也可以通过 APP 了解到被救助者的情况或收到致谢。120 急救中心会对院前协同急救服务系统中所使用的设备进行维护，一次性的设备会进行专业的处理，并补充至分布式急救箱；非一次性的设备会进行消毒和检测，放回分布式急救箱。

二、用户体验地图

用户体验地图是一种反应用户在具体的场景下使用服务流程的工具。用户体验地图可以较好地反映出以下问题：用户的基本情况是什么？用户的行为旅程是怎样的？用户在哪些节点会有怎样的情绪变化？能给服务设计师们带来怎样的机会点？等等。

首先，可以用一张概览的体验地图来整体呈现 PCES 服务中的各个场景（图 4-21）。其次，PCES 系统中用户类型较多，可以分别制作他们的用户体验地图（图 4-22~ 图 4-25）。

举例来看，如图 4-25，用户 D 是急救志愿者，用户 E 是接力志愿者。在服务中，两个用户的情绪由最初收到求救信息的紧张感，到到达急救现场的迫切感，再到最后帮助患者脱离危险的成就感和愉悦感；一般而言，愉悦感、新鲜感、成就感、安全感是服务设计必须要完成的情感体验任务。

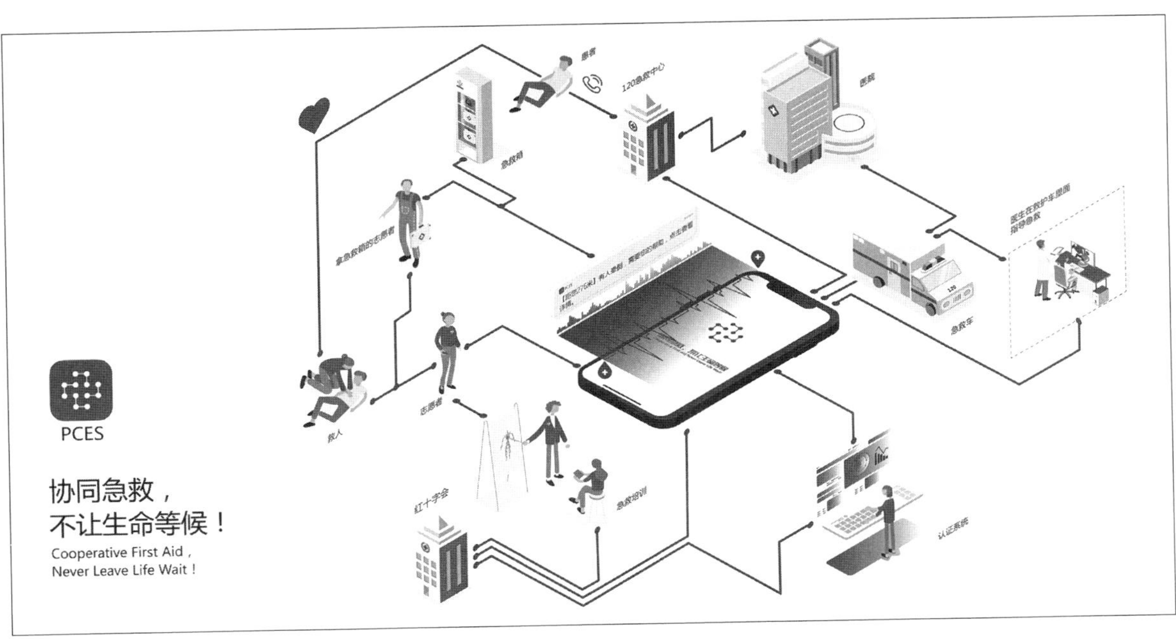

图 4-21　PCES 用户体验场景地图

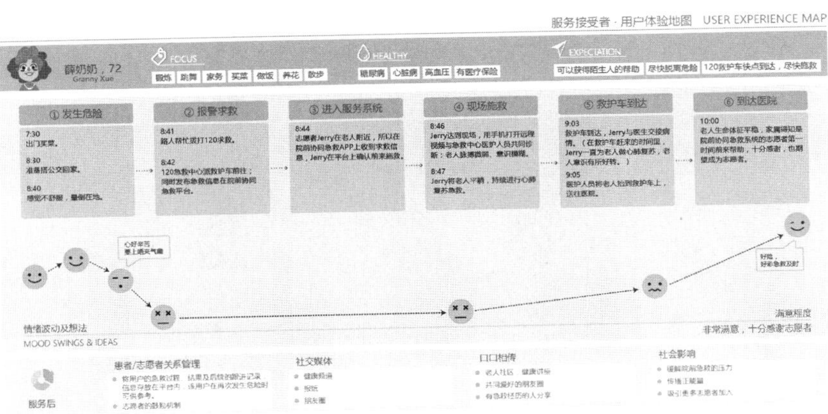

图 4-22
用户体验地图（A）

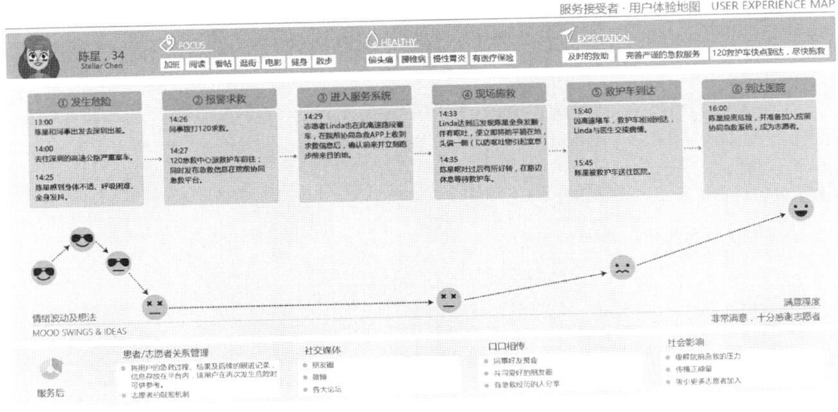

图 4-23
用户体验地图（B）

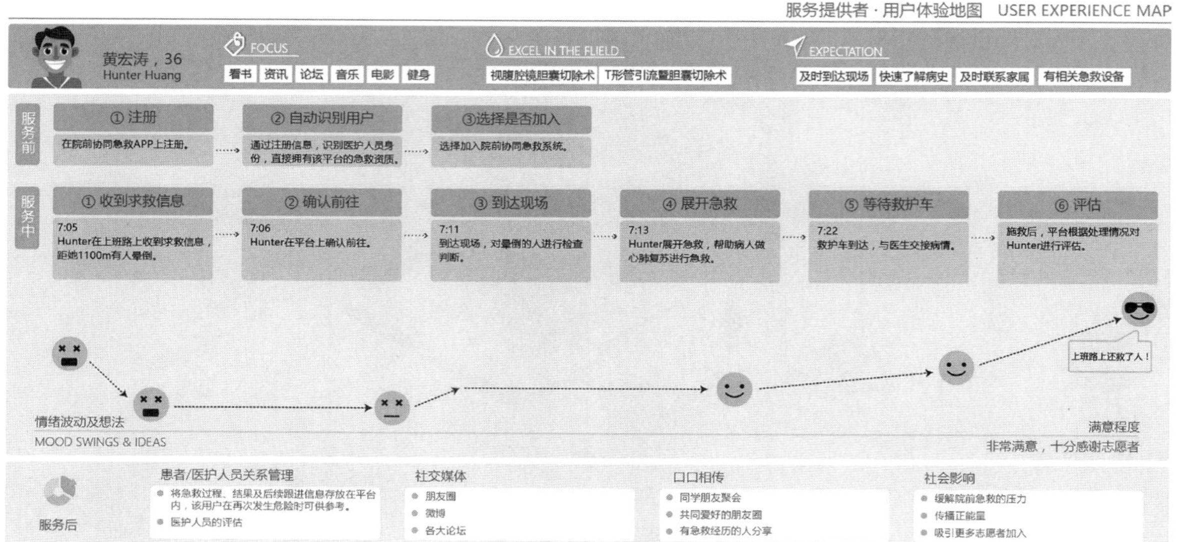

图 4–24 用户体验地图（C）

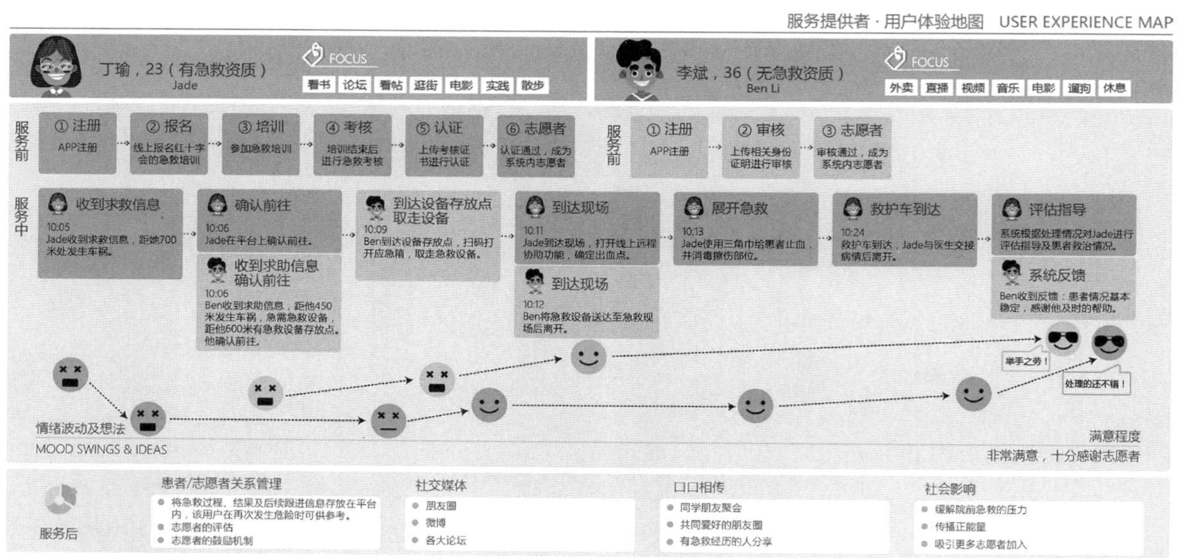

图 4–25 用户体验地图（D&E）

三、服务蓝图

服务蓝图展示了服务的构建方式，将全部渠道、触点、用户历程和后台流程连接在一起。它为服务设计师提供了一个能够为人们的不同历程进行系统化测试的平台，从而通过时间和触点追踪人们的路径，清晰展示哪里能够真正创造价值，而哪里又被浪费。

如图 4-26、图 4-27，整个院前协同急救服务系统以“了解、进入、体验、离开、延伸”为线索，清晰地表达了该服务是如何传递给客户的。用户通过口口相传或互联网途径得知有这样的服务，并对该服务有浅薄的了解；当用户发生意外并拨打 120 求救时，便开始进入该服务系统；急救志愿者收到消息并前往现场，帮助用户处理紧急情况，尽快脱离生命危险，在这一过程中，用户体验了院前协同急救服务；

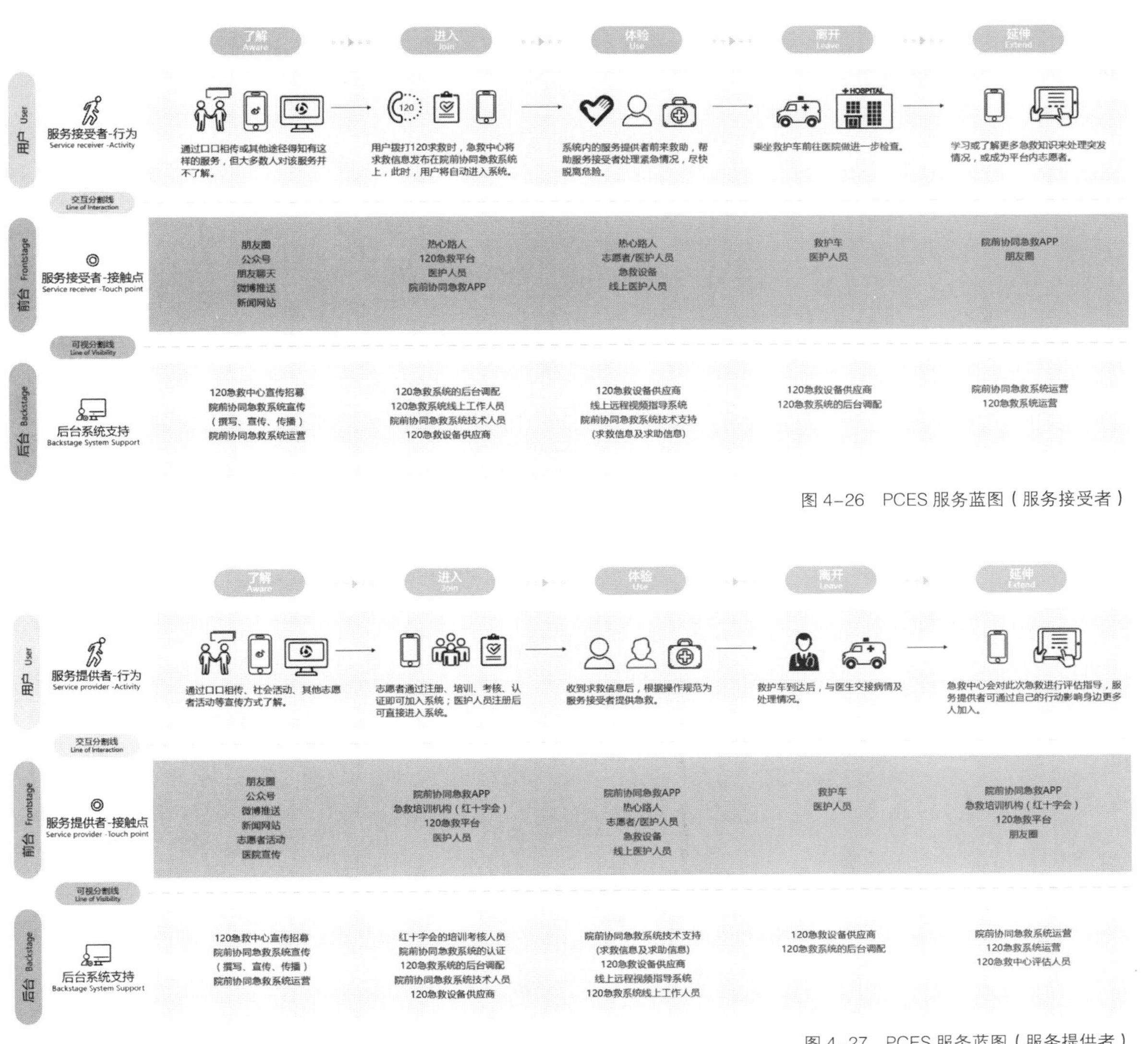

图 4-26　PCES 服务蓝图（服务接受者）

图 4-27　PCES 服务蓝图（服务提供者）

救护车到达现场后，用户乘救护车离开，前往医院做进一步检查；待用户好转后，得知自己使用了该服务系统并得到了及时的救助，可能会进一步了解院前协同急救服务系统，了解学习急救知识，甚至加入成为志愿者。

服务蓝图中，用户前台的接触点有：社交软件的推送、新闻资讯、热心路人、120 急救平台、医护人员、APP、急救志愿者、急救设备、救护车等。后台的系统支持有：运营团队、技术调配人员、120 急救中心平台、远程指导系统、急救设备供应商等。

第四节 触点设计

服务设计不仅仅是一个意识流，它需要将设计的构想表现出来。服务是一个无形的概念，必须通过一定的载体传达出来。这就是服务的“有形展示（Physical Evidence）”，是指一切可传达服务内容、特点及优势的有形组成部分，包括环境、设施、产品、界面和人。某种程度上，服务的“有形展示”等同于服务“接触点”。

接触点（Touchpoint）是服务设计、体验设计领域常提到的概念，英国设计协会将接触点定义为：组合服务整体体验的有形物或互动。

接触点是用户为了达到某个目的，经由某些途径与企业产生互动的点，与“情境”和“互动”相联系。“情境”代表的是某一触点在某一特定的时间和空间中能带给用户的情绪及体验情形；“互动”代表的是用户在某一接触点可能发生的行为内容。接触点还会以时间顺序反映在用户使用某种服务或某个服务系统的过程之中。

接触点一般可分为人际触点、物理触点和数字触点，都需要进行设计。

一、人际触点

不同于制造品的生产，服务价值产生于企业和顾客的接触过程，顾客不再是服务生产的旁观者和接受者，而会参与到价值创造的各个环节，将自己的喜好、个性赋予服务。此时人与人（服务接受者与服务提供者）之间的人际接触就尤为重要。服务设计中的人际接触点，有时也被叫作“情感接触点”，包括服务人员的着装、表情、话术、行为等，涉及人类的五感。

在本课题中，作为服务提供者的专业医护人员、急救志愿者和接力志愿者都需要经过系统招募和专业培训，也必须依照一定的行为准则提供相应服务，这里不再赘述。

二、物理触点

1. 品牌形象设计

如图 4-28，院前协同急救服务系统的标识表达了协同急救的互助精神，每个点都代表着在该服务系统中的服务提供者，他们的连接构成了整个院前协同急救服务。标识元素表达了急救、协同、帮助和分布式的功能，传递了互助精神，通过社会力量为民众提供院前协同急救服务。

为了让更多人了解并加入院前协同急救服务系统，设计了宣传招募海报。红色海报采用心跳形式的线条作为底纹，配上宣传标有“协同急救，不让生命等候！”，清晰地表达了该服务系统的服务目标。白色海报选取Logo的一角，加入院前协同急救的要素，如急救志愿者、急救设备和救护车等，如图 4-29。

2. 分布式急救箱设计

基于对用户的访谈和用户体验地图的分析，发现在急救过程中，有些疾病的治疗需要使用急救设备。因此，120 急救中心将会按照城市人口密度，在城市街道、公园、商场、社区等公共空间合理地设置一定数量的分布式急救箱，并定时对急救设备进行维护和补充，让院前急救更加及时有效。

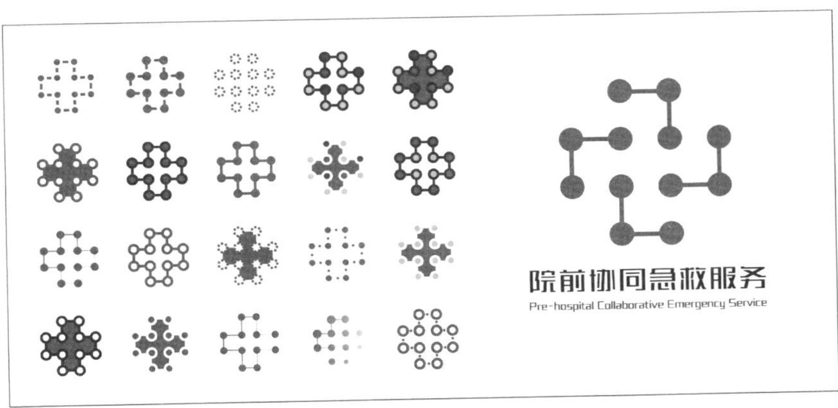

图 4-28
PCES 标志设计

分布式急救箱里的急救设备通过定制方式采购，需包含保护用品类、清洁消毒类、止血包扎类、辅助用品类、应急用品类、急救药物类、包材类以及 AED 便携式除颤器，如图 4–30。

分布在城市街道、公园、商场、社区等公共空间的分布式急救箱应满足如下需求：

①识别度高：通过急救箱箱体的造型设计提高产品辨识度；设计带有 Logo 的灯箱，夜晚发光；在急救箱体内安装发光设备，保证夜照明。

②高度需求：急救箱的高度要保证使用者在远处及人群中可以看到，避免低头或抬头找，设定合适的高度在 2.2m 左右，方便使用者取出急救设备。

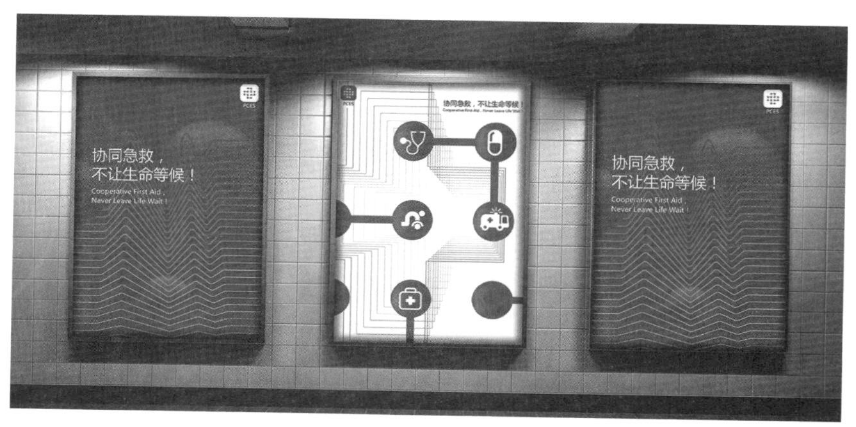

图 4–29
PCES 宣传招募海报

急救范围
First aid range
（包括但不限于）

流血不止，昏迷及呼吸心跳骤停，溺水，烧烫伤，外伤缝合，骨折固定及伤员搬运，触电，食物中毒，急性传染病，眼内异物，动物、昆虫的咬伤，硫化氢中毒，高寒冻伤，化学药品灼伤。

紧急急救，需把握黄金时间
Emergency first aid, grasp golden time

恢复呼吸 Recovery respiration	恢复心跳 Regain heartbeat	快速止血 Rapid hemostasis	救治休克 Treatment shock

急救物品 — 需求清单
First aid items - a list of requirements

保护用品类	清洁消毒类	止血包扎类	辅助用品类	应急用品类	急救药物类	包材类	AED
医用检查手套、活性炭口罩	碘伏棉棒、酒精消毒片、棉球、棉签、医用镊子、清洁湿巾	防水创口贴、卡扣式止血带、纱布片、三角巾、自粘敷料、烧/烫伤敷料、敷料镊子、止血钳、急救绷带、透气胶带、弹力网帽、安全别针、安全剪刀、卷式夹板	电子体温计、降温贴、压舌板、人工呼吸膜、带单向阀的人工呼吸罩、口对口呼吸器、氧气面罩、固定支具、急救颈托、头部固定器、颈椎牵引带、高分子急救夹板	LED手电筒、多功能工具刀、应急保温毯、速冷冰袋、塑料口哨	敌腐特灵洗消剂、速效救心丸、心血管药（硝酸甘油）、抗微生物药（诺氟沙星胶囊）、抗过敏药（开瑞坦）氯霉素眼药水	应急手册、急救箱设备清单、急救毯	AED便携式除颤器（大部分急救设备里都没有，都是独立的）

图 4–30　急救范围及急救设备需求清单

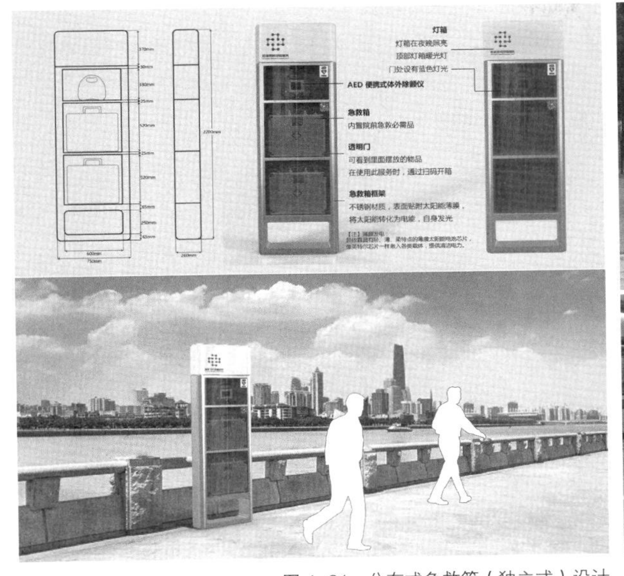

图 4-31　分布式急救箱（独立式）设计

图 4-32　分布式急救箱（组合式）设计

③开门方式：根据急救箱造型确定开门方式：自动双开门。

④供电需求：分布式急救箱在室外时，通过太阳能或市政供电；在室内时，使用室内场所供电。

⑤摆放的灵活性：考虑场地、空间、场景的结合。

⑥功能需求：扫码开箱，志愿者到达后，通过扫码打开急救箱。

⑦材料需求：分布式急救箱的材料应防风、防雨、防腐蚀；户外的急救箱可贴附太阳膜薄膜。

⑧安全需求：摄像头记录下取用者图片，避免 AED 被滥用或盗取。

根据如上设计需求，分布式急救箱的设计如图 4-31、图 4-32。

三、数字触点

在院前协同急救服务系统的服务流程中，120 急救中心发布急救信息、急救志愿者和接力志愿者接收急救信息都需使用 PCES 的 APP。

APP 的核心需求功能主要包含急救服务、新闻资讯、急救手册和个人信息等，如图 4-33。

用户使用该服务时，需到 APP 上注册账号。若只想成为普通用户，登录访客系统即可；若想成为志愿者，则点击进入志愿者系统，然后进行身份验证，系统会根据身份证号码进行身份识别，进入相对应的系统主页，如图 4-34。

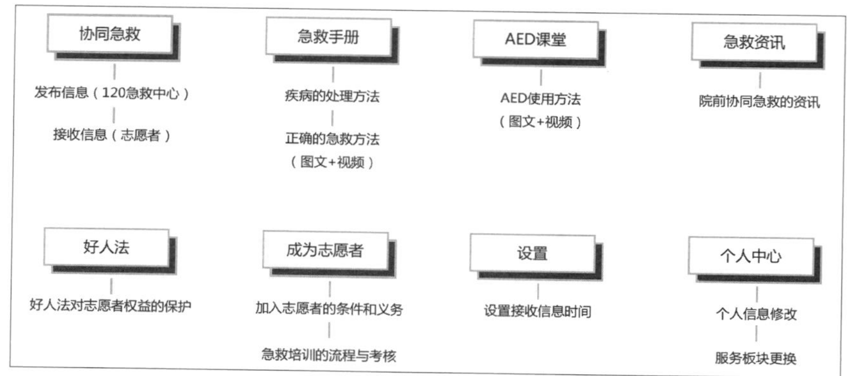

图 4–33
APP 核心需求功能

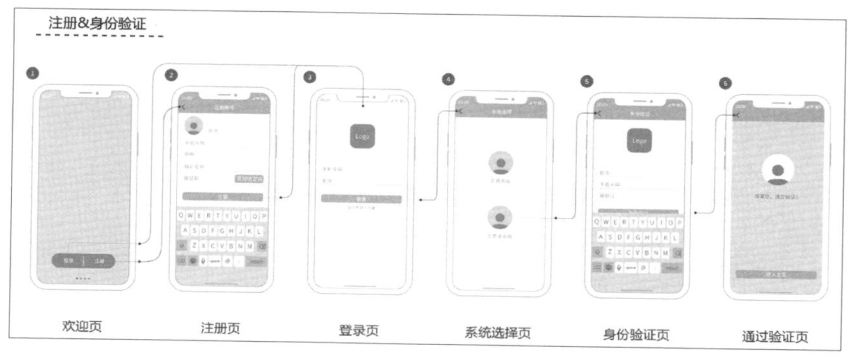

图 4–34
低保真与任务流程图（注册验证）

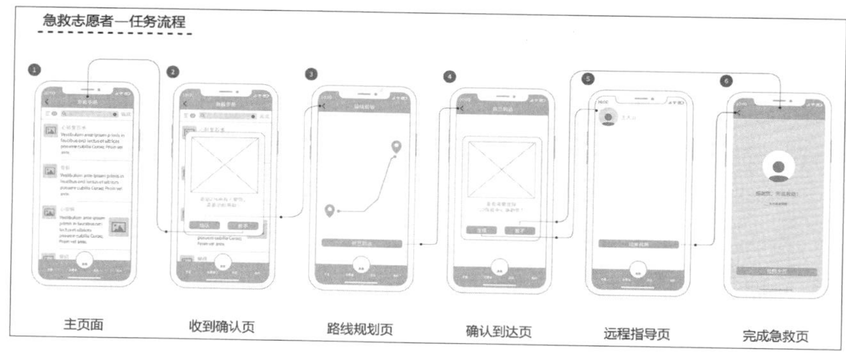

图 4–35
低保真与任务流程图(急救志愿者)

急救志愿者将在 APP 中收到求救信息，点击“确认”，系统将帮助用户规划“最优路线”前往急救地点。到达后，可选择是否与 120 急救中心连线进行协同急救，判断好病情后开始施救。急救完成后，点击“我已完成”，可选择性地关注患者后续动态，如图 4–35。

PCES APP 整体风格及高保真效果如图 4–36。

图 4-36 PCES APP 界面设计

第五节 原型测试

无论是产品模型制作、样机测试还是服务的原型测试，都是为了检验产品或服务的可用性。

可用性是用以描述产品和服务在多大程度可用的概念。在交互产品设计领域，可用性已被研究了很多年。可用性专家 Nielsen 认为可用性包括易学性、易记性、出错频率和严重性、交互效率、用户满意度等要素。ISO FDIS 9241211 标准（Guidance on Usability，1997）中提出，可用性是指当用户在特定的环境中使用产品完成具体任务时，交互过程的有效性、交互效率和用户满意度。Hartson 认为产品可用性包含两层含义：有用性和易用性。可以发现对于可用性要素和含义的描述呈现越来越概括的趋势，但事实上，在实际的操作过程中，业界更多仍使用 Nielsen 提出的相对细化的要素，因为可操作性更强。

以上概念主要用于描述产品的可用性，尤其是交互产品。服务与产品存在一些差异，因此服务的可用性描述应具有服务的一些特殊属性。综合考量服务设计的定义、服务的特殊性以及交互产品的可用性要素之后，可将服务的可用性概括为以下 8 个要素：

①适应性：当外部因素变化时服务受到的影响较小。服务是否容易受到天气、温度等不可控因素影响?

②标准化：服务流程、有形展示等是否具有较高的标准化程度?物料是否能在一定的时间内保持稳定的状况? 对工作人员的综合能力、应变能力是否有较低要求?

③灵活度：服务是否对资源差异较大的顾客有不同的应对脚本?是否为峰值提高效率准备了预案?

④易学性（Learnability）：服务步骤是否需要用户学习? 是否易于学习? 是否需要用户有相关知识储备?

⑤易记性（Memorability）：用户（既包括服务接受者又包括服

务提供者，下同）是否需要记忆步骤？在完成一个步骤后是否知道后面要做什么？在一段时间之后是否仍然记得服务步骤/流程？

⑥容错性（Errors）：当用户在服务过程中选择/操作/表述出错时，是否仍然能够继续执行？是否易于更正？是否有可能发生不可挽回的结果？

⑦交互效率（Efficiency）：用户完成服务步骤的效率。

⑧满意度（Satisfaction）：用户在服务过程中，主观上感到满意（对产品、雇员、过程、自身等）。

在服务设计领域中，体验原型（Experience Prototype）是服务设计师与用户沟通的最好工具。有学者将体验原型划分为四种层次：低成本、半结构式的讨论（讨论原型），参与者的走查（参与原型），更精细的模拟（模拟原型），以及全面的试点（领航原型）。这四种类型根据服务项目的进度而设，服务设计师可以在设计流程的不同阶段根据测试需求选择相应的原型工具。由于课程资源、学生能力等实际情况的限制，在 PSS 课程中，一般只能做到产品的模型验证、服务的讨论原型测试和服务整体概念展示。

一、产品模型验证

选择独立式分布式急救箱，等比例制作模型，来验证产品的人机尺寸、色彩效果、使用方式等，如图 4-37、图 4-38。

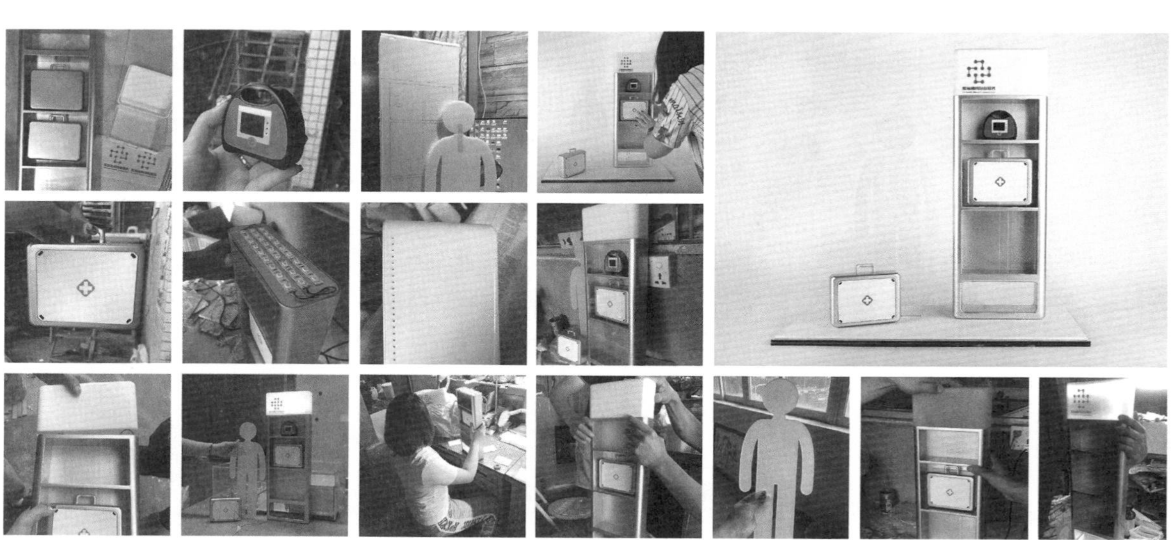

图 4-37　分布式急救箱制作过程

二、服务讨论原型测试

通过服务场景沙盘制作(图 4–39、图 4–40)和服务动线演示(图 4–41),来讨论服务的可用性,并基于发现的问题进一步优化服务流程。

图 4–38
分布式急救箱模型展示效果

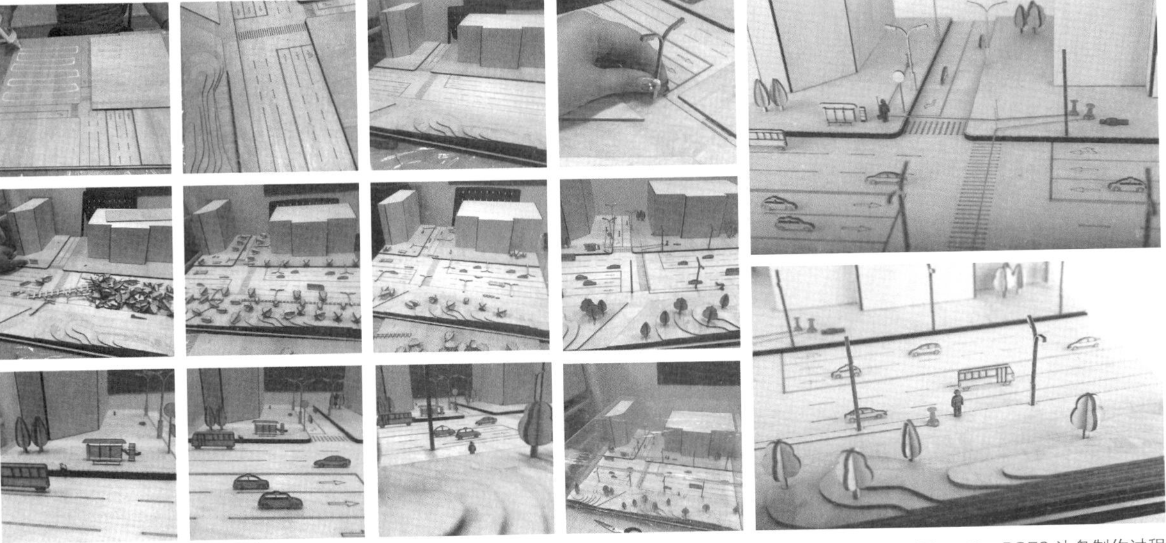

图 4–39　PCES 沙盘制作过程

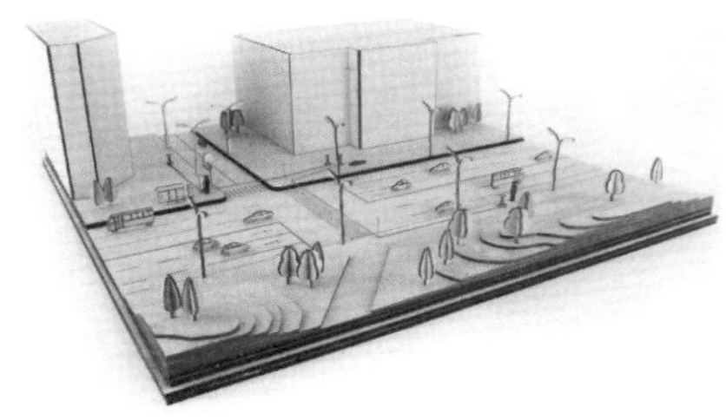

图 4-40　PCES 沙盘整体效果

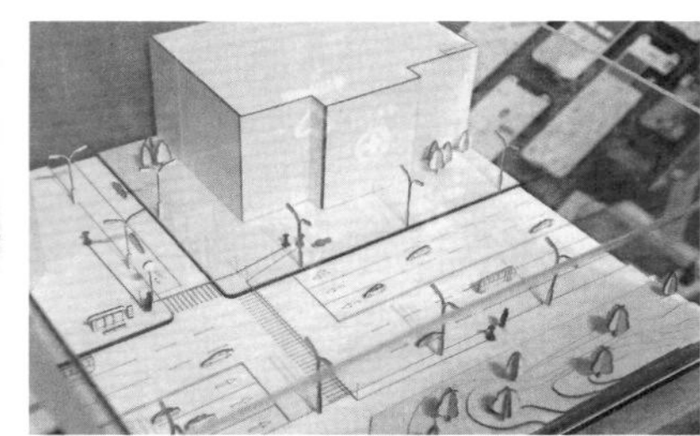

图 4-41　PCES 服务动线演示

图 4-42　PCES 服务概念视频截图

图 4-43　PCES 项目整体展示效果

三、服务整体概念展示

由于产品服务系统设计由有形产品和无形流程两大部分构成，对服务整体概念的展示也提出了新的挑战。一般来说，可以通过服务流程图、展板、服务场景沙盘和产品模型来展示。当 PSS 内容和流程较为复杂时，则需要制作概念视频（图 4-42）来讲好服务的“故事”，以达到最优的展示和传达效果（图 4-43）。

作业二：产品服务系统项目设计（结课小组作业，4~5 人 / 组）

针对指定课题（或在餐饮、休闲、健康、教育、出行等领域中任选一个主题），搜集各类相关信息，并开展实地调研，分析并阐述存在问题，结合某一种 PSS 类型，提出解决方案，按照双钻石流程设计一个产品服务系统，包含品牌形象、服务系统和产品设计。完成设计报告（不少于 50 页）、概念视频（2~3 分钟）、设计展板（A0，竖构图，2~3 张）。

[第五章]

产品服务系统设计课程作业案例

第一节　公共产品服务系统

案例一："记忆伙伴"博物馆失智症主题观展服务系统设计

设计：王玫琳　指导：丁熊、刘珊

"记忆伙伴"是一个面向小学生及其祖辈老人的博物馆观展服务，包括线上服务、展内服务和展外服务，通过政府、学校、认知障碍协会、医院等专业机构的协同，主要利用现有博物馆展览中的民俗展品资源，引导小学生以"第二课堂"方式和"小记者"身份观展，并与家中老人以"回忆"为主题交流互动，从而在提升老人情绪的前提下进行失智症早期筛查或缅怀治疗，达成一定的"延缓认知能力衰退"的干预效果，同时也能促进祖孙和家庭的情感联系。

由于服务内容和形式的特殊性，系统中的"记忆报刊亭""展厅邮箱""小记者道具包"等物理产品需要专门设计和小批量定制，因此该系统属使用导向型 PSS（图 5-1）。

第二节　教育产品服务系统

案例二："哎呀计划"儿童居家安全教育服务系统设计

设计：杜俊霖　指导：丁熊、童慧明

"哎呀计划"是针对学龄前儿童居家安全问题频频发生的社会及家庭背景下，联合深圳儿童安全教育公益组织合作开发的儿童居家安全教育服务项目。经实地调研、分析用户需求的基础上，以"帮助儿童建立安全边界的认知"为服务价值主张，构建安全认知、排查、防护、演习、急救、就医六大服务内容的儿童安全教育服务系统。服务由家庭教育 APP、社区体验空间、流动大篷车的三大免费教育服务，以及安全认知游戏产品、安全隐患防护产品、急救产品等有偿非盈利代售服务组成，以此为儿童及其家长创造适龄化、多渠道、系统化的全场景安全教育体验。该系统的价值主要由服务创造，空间和大篷车则采用定制方式提供，属于使用导向型 PSS（图 5-2）。

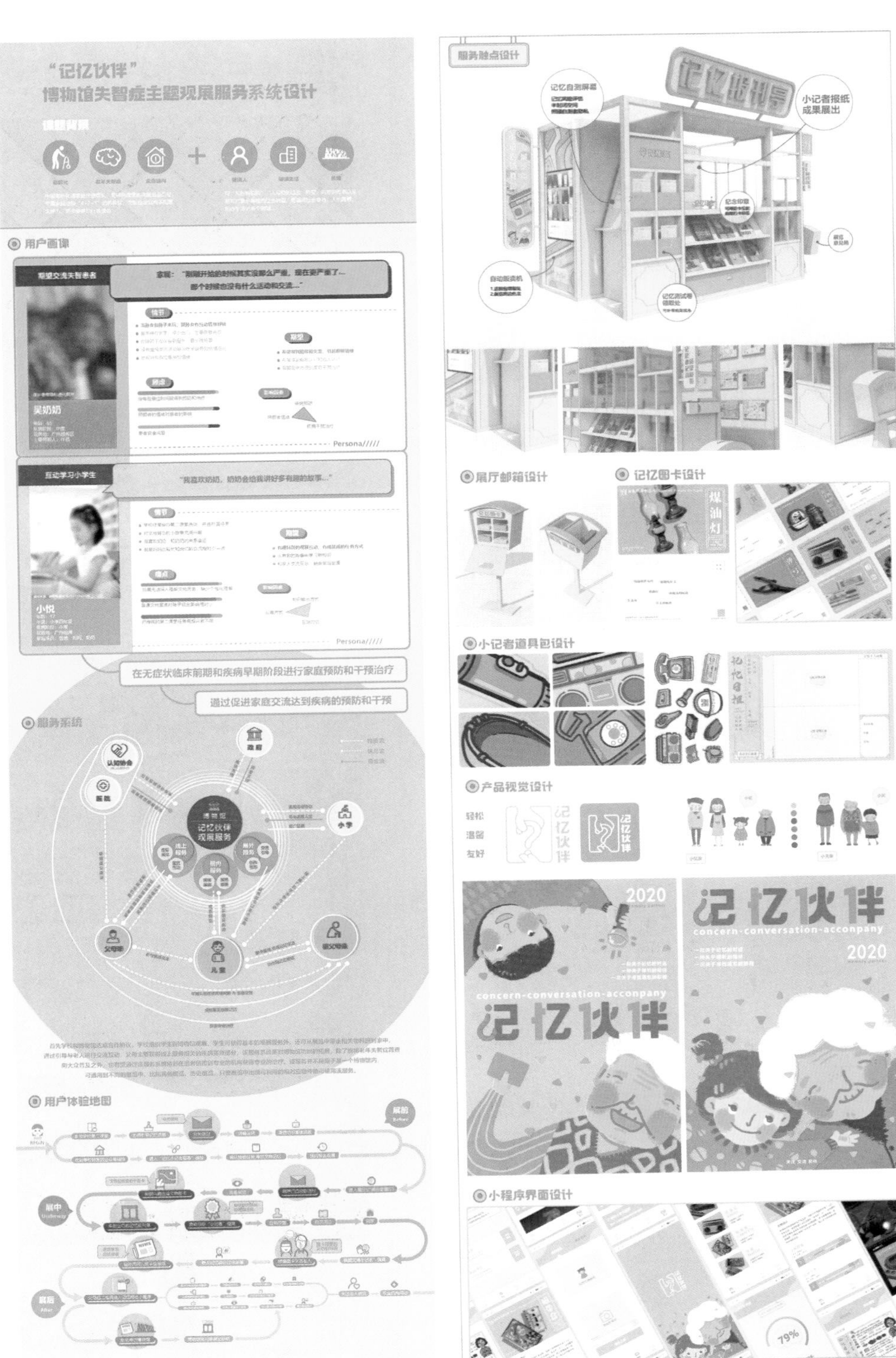

图 5-1 "记忆伙伴"博物馆失智症主题观展服务系统设计

图 5-2 "哎呀计划"儿童居家安全教育服务系统设计

案例三："乐支乐知"积极老龄化公共教育服务系统设计

设计：冉敏　指导：丁熊、童慧明

老年教育是积极老龄化重要的一环，目前老年教育学位"一座难求"，同时低龄老人老当益壮，渴望保持价值创造，需要一个发挥余热的平台。"乐支乐知（LO-PAY & LO-GAIN）"积极老龄化公共教育服务系统，将主要利益相关者老人细分为精英老人和大众老人，一方面鼓励精英老人利用自身专业知识成为公共教育服务的提供者，继续价值创造，完成生产性老龄化，另外一方面，通过特色课程规划、顾客旅程优化、线上数字平台建设、线下教学空间拓展等手段，帮助精英老人和大众老人实现各自的角色期待，成功实现积极老龄化。系统中的空间产品由服务提供方定制采购，属使用导向型PSS（图5-3）。

第三节　医疗产品服务系统

案例四："随孕行"智能产检车产品服务系统设计

设计：林尚君、何家健、罗育财、覃开泳、林晓玲、王丹萍

指导：丁熊、刘珊

现代社会，患有产前抑郁的孕妈人群呈上升趋势，另一方面，健康孕妈更注重孕期生活品质。"随孕行"以智能产检车（原型为广汽MagicBox）为核心，配合专属APP，将孕妇与月子中心、私立医院链接起来，提供包括产检预约、专业产检服务、孕期按摩、孕期心理咨询、母婴知识、孕妈分享、孕期食品与用品销售、主题餐厅、孕期运动等在内的特色服务。专业、温馨、高效是该品牌的价值主张，专业的一站式移动服务可满足事业型孕妈利用碎片化时间完成产检。该系统属结果导向型PSS（图5-4~图5-6）。

案例五："AIR-EXPRESS"无人机应急医药服务系统设计

设计：杨韫意　指导：丁熊、刘珊

"AIR-EXPRESS"是一套老年人发生应急状况时所需紧急送药和送医服务的系统设计。疾病突发是老年人不得不面对的状况，没有携带应急药物或药物过期、附近无人施救等紧急情况下，老人（或路人）可以通过手环一键呼救。分布式无人售药机及其配备的小型无人

产品服务系统设计

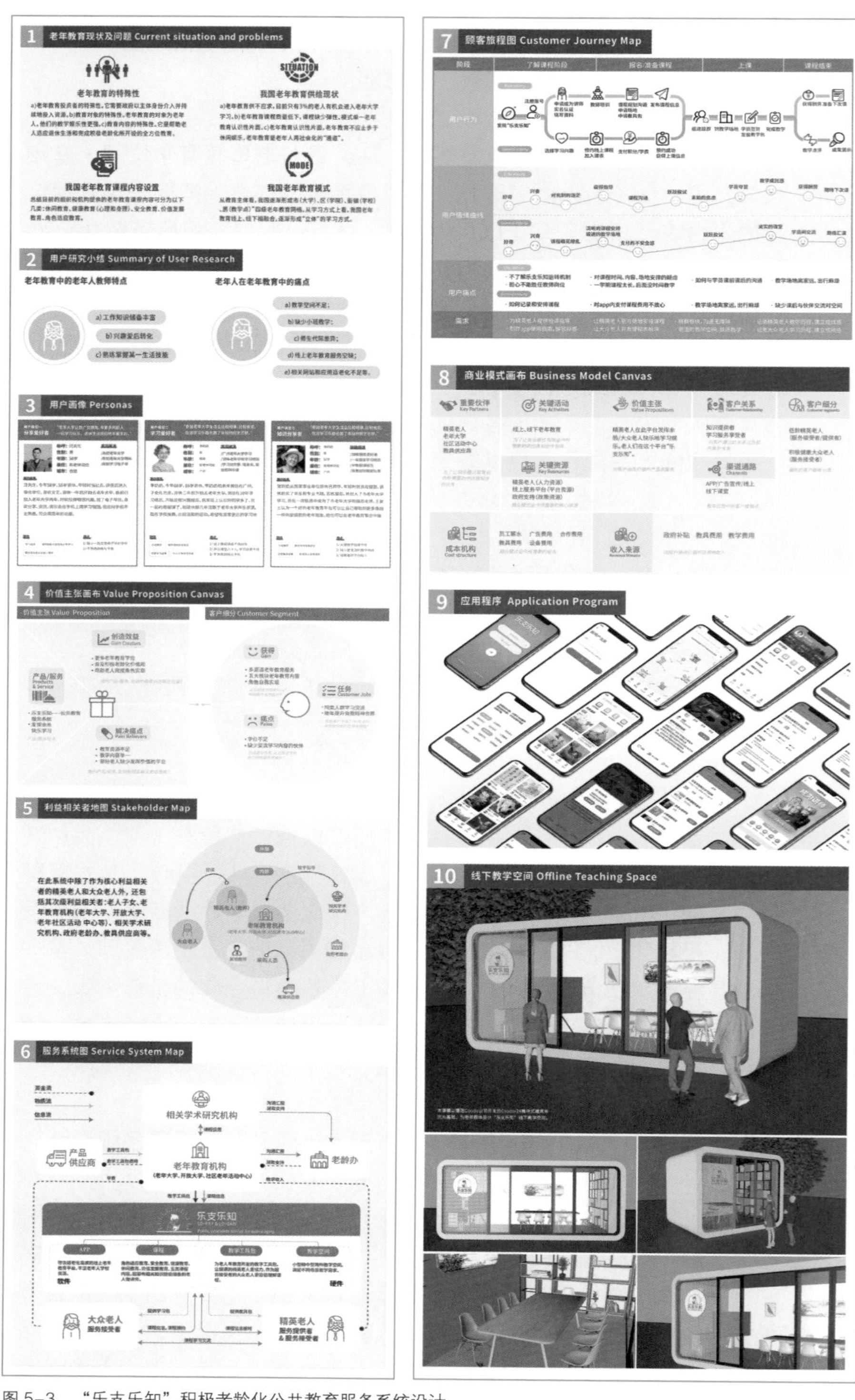

图 5-3　“乐支乐知”积极老龄化公共教育服务系统设计

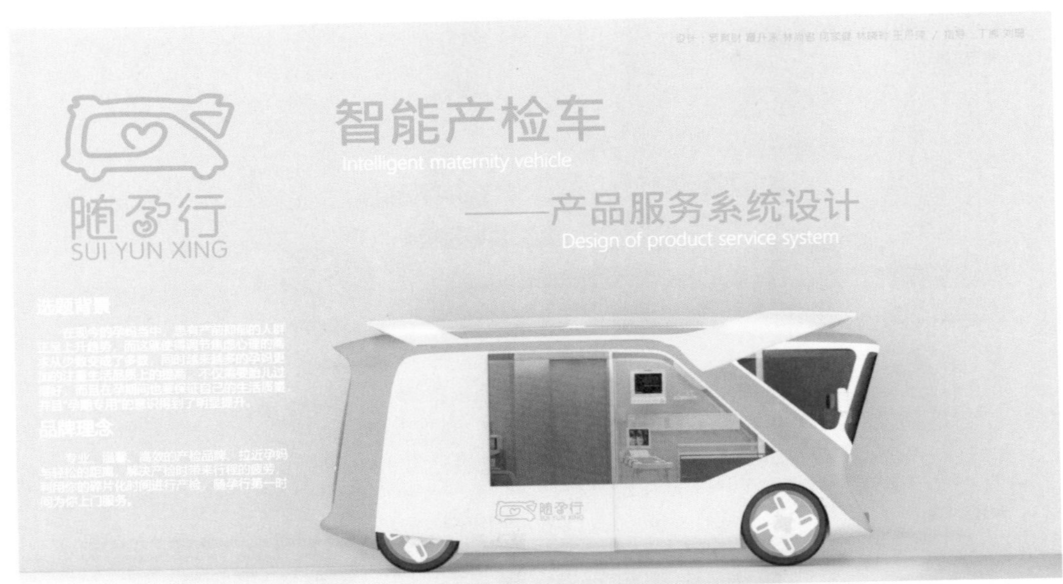

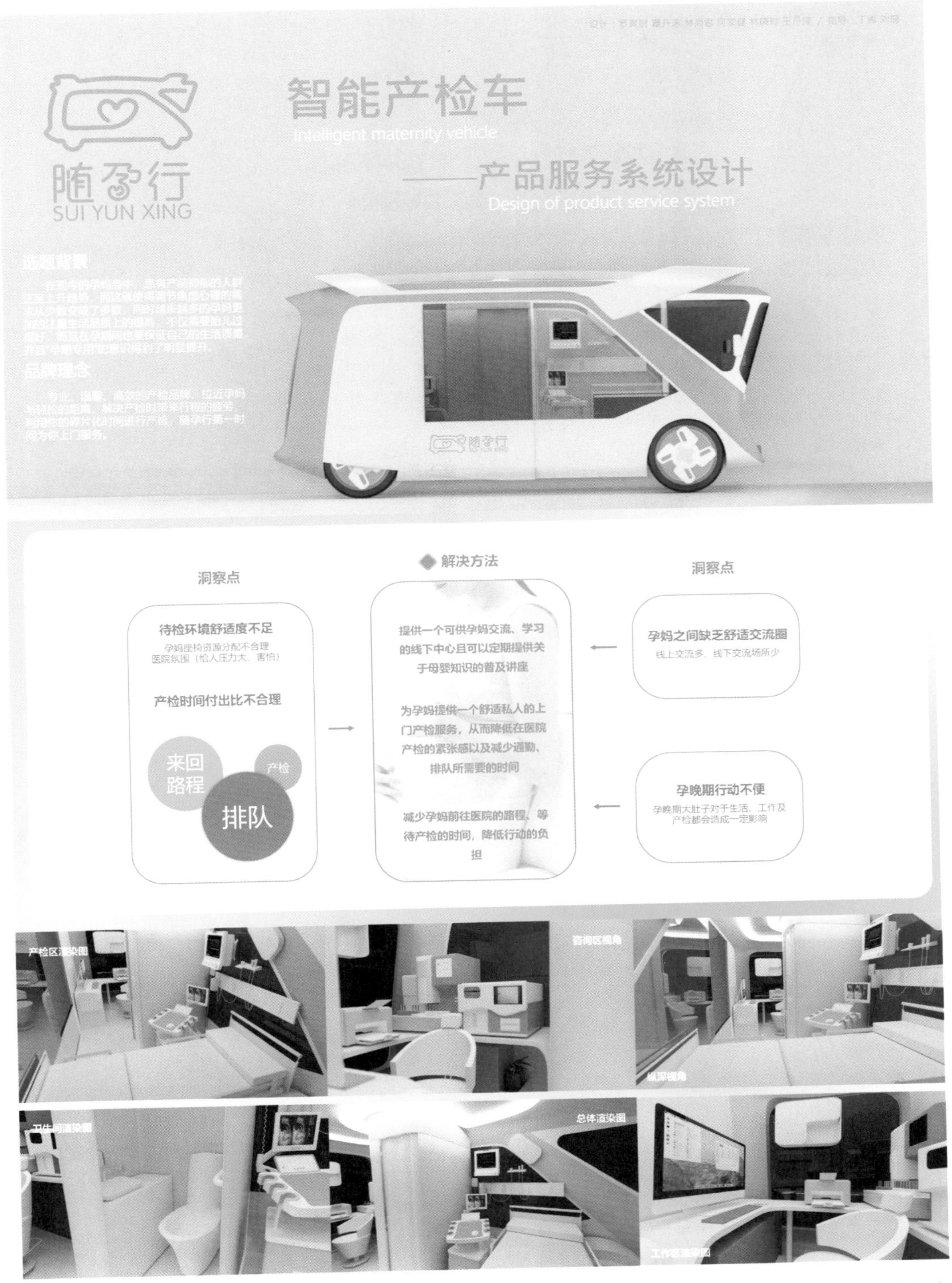

智能产检车
Intelligent maternity vehicle
随孕行
SUI YUN XING
——产品服务系统设计
Design of product service system
洞察点
待检环境舒适度不足
孕妈座椅资源分配不合理
医院氛围（给人压力大、害怕）
产检时间付出比不合理
来回路程
产检
排队
解决方法
提供一个可供孕妈交流、学习的线下中心且可以定期提供关于母婴知识的普及讲座
为孕妈提供一个舒适私人的上门产检服务，从而降低在医院产检的紧张感以及减少通勤、排队所需要的时间
减少孕妈前往医院的路程、等待产检的时间，降低行动的负担
洞察点
孕妈之间缺乏舒适交流圈
线上交流多，线下交流场所少
孕晚期行动不便
孕晚期大肚子对于生活、工作及产检都会造成一定影响
产检区渲染图
咨询区视角
纵深视角
卫生间渲染图
总体渲染图
工作区渲染图

图 5-4 “随孕行”智能产检车产品服务系统设计（1）

产品服务系统设计

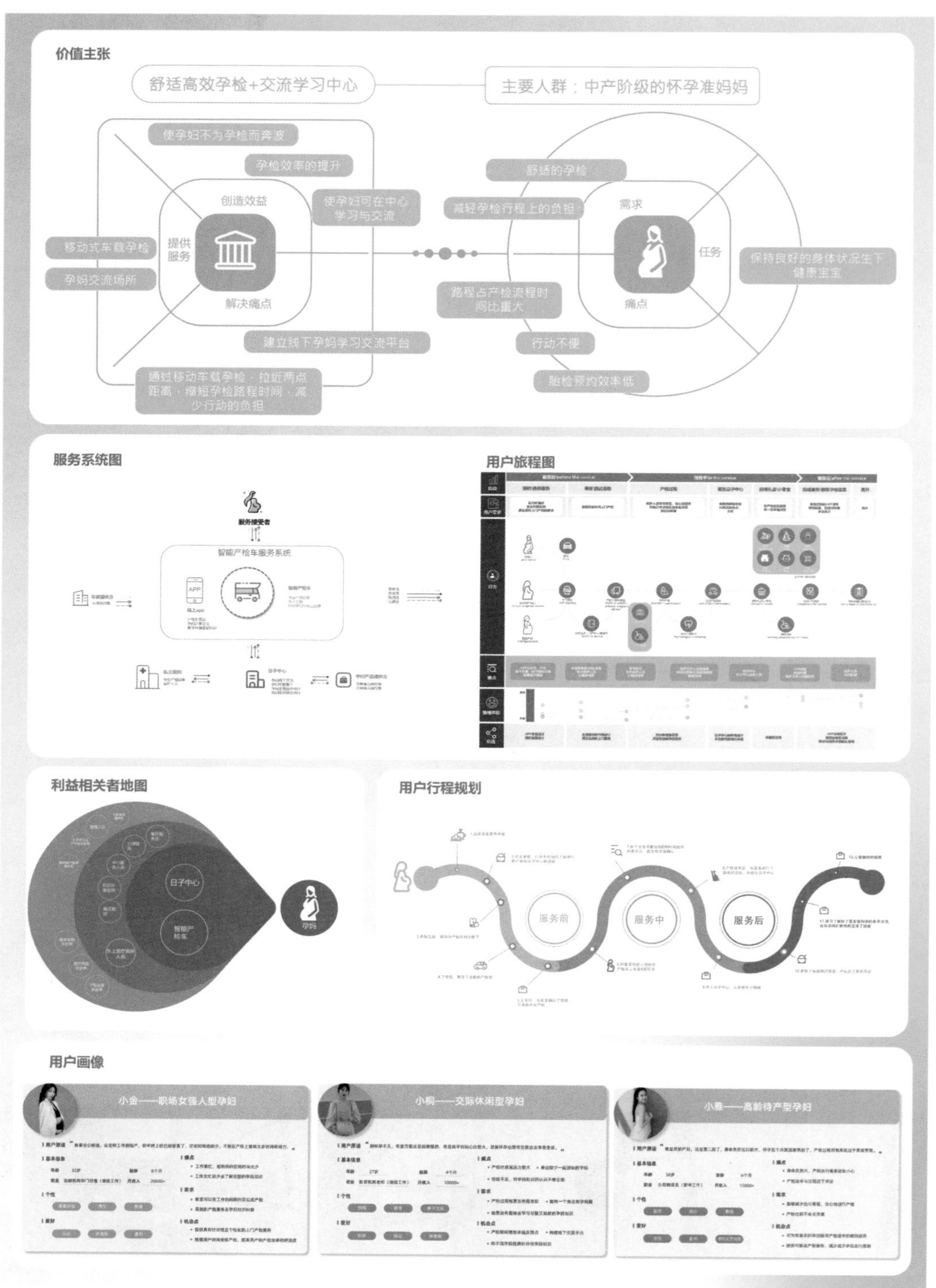

图 5-5 “随孕行”智能产检车产品服务系统设计（2）

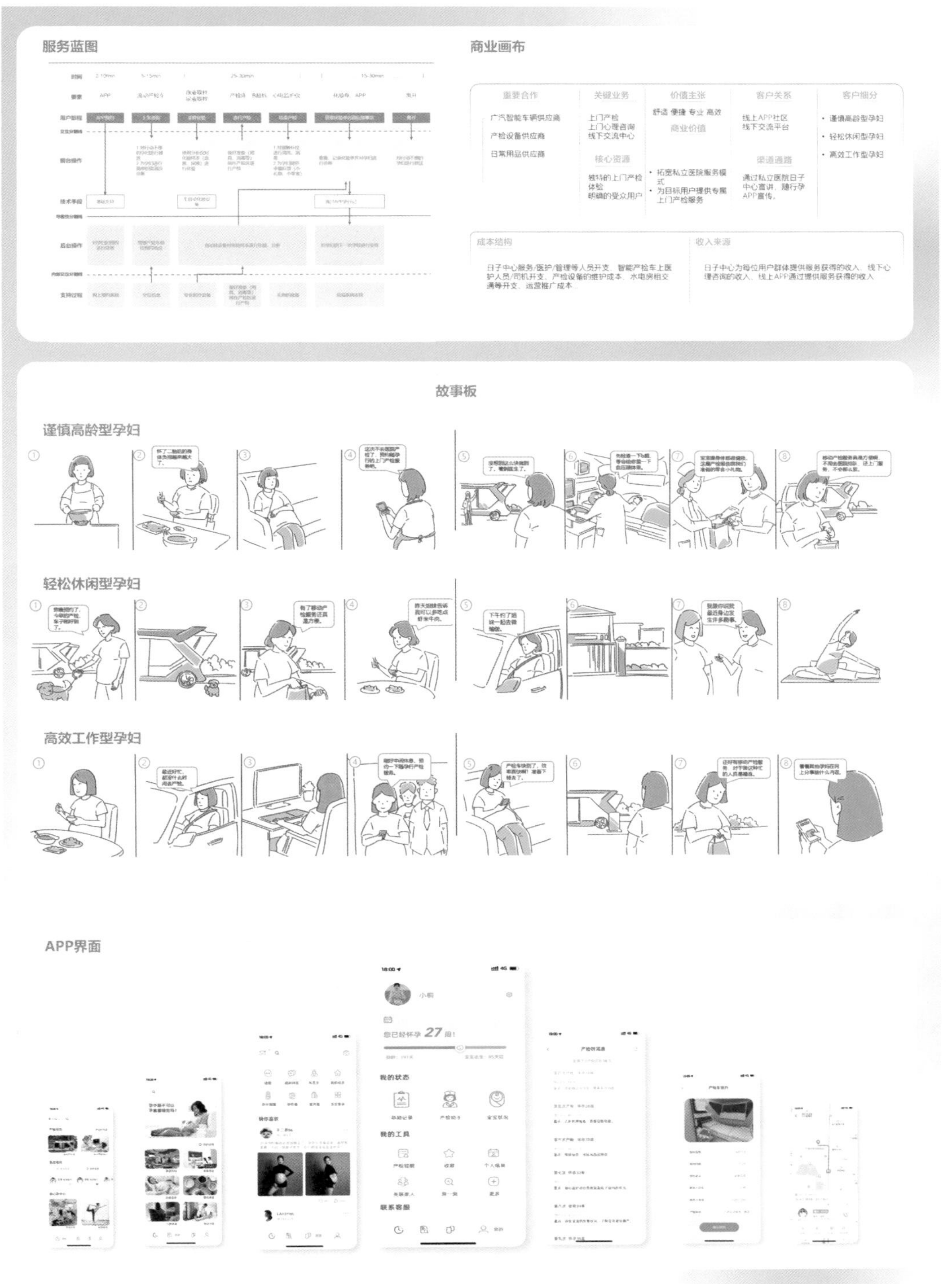

图 5-6 “随孕行”智能产检车产品服务系统设计（3）

机可以让应急药品以最快的速度送到老人身边；如需入院急救则可呼叫载人无人机，避免交通堵塞而延误宝贵的救援时间。服务系统中的平台方、保险公司、药店及执业医师、载物及载人无人机等软硬件各司其职，为老年人急救构建了一条高效、专业的空中走廊。该系统属结果导向型 PSS（图 5-7）。

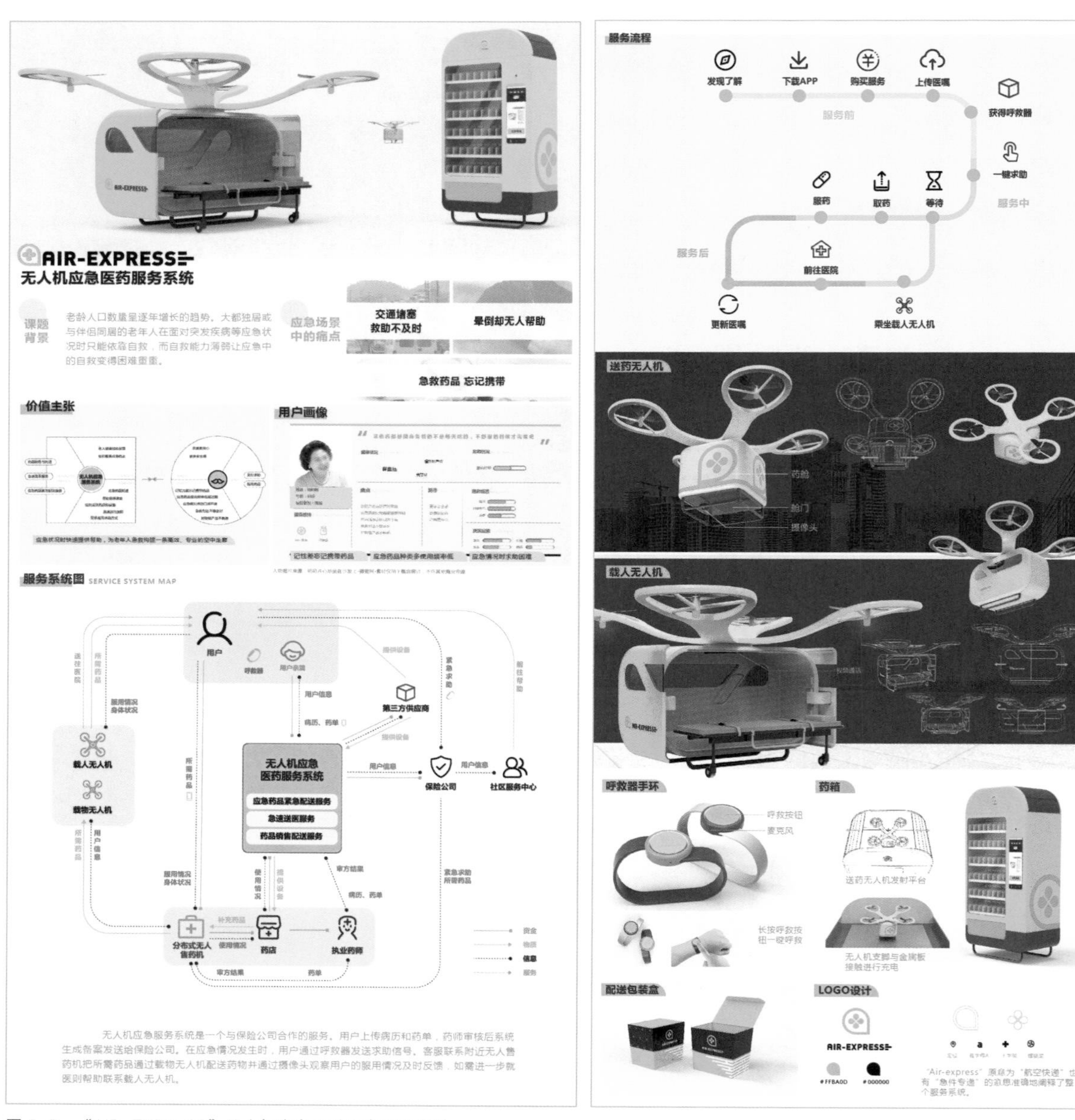

图 5-7 “AIR-EXPRESS”无人机应急医药服务系统设计

第四节　健康产品服务系统

案例六："冇恙"共享血糖仪产品服务系统设计

设计：庄绿欣、邓雨莎、汪晨曦、谢宛融、梁宗益、吕承颖、郑喆
指导：丁熊、刘珊

糖尿病患者数量逐年增高，且发病年龄呈年轻化趋势。这与年轻人和上班族工作繁忙压力大、经常食用咖啡和奶茶等高脂食品有关。年轻人开始关注自身血糖状况与健康，有检测需求，但频率不高。"冇恙"是一款共享血糖仪，该服务将血糖仪投放在地铁、商场等公共场所，便于用户"租用一天"，以完成三次精准检测（空腹、餐后两小时、随机）。血糖仪因共享需求在结构、使用方式及回收消毒等方面均经过特别设计。该系统能引起人们对自身健康的关注，进而早预防、早发现、早治疗，帮助用户保持身心"无忧无恙"状态，属使用导向型 PSS（图 5-8~ 图 5-10）。

案例七："红匣子"老年人慢病健康管理产品服务系统设计

设计：陈靓宇　指导：丁熊、刘珊

老年人普遍患有慢性疾病，忘记服药、复诊流程繁琐常令人苦恼。"红匣子"是一款集用药管理、数据监测和线上诊疗于一体的居家健康服务系统。该系统包含药盒和手表两个设备。"健康手环"可以实时监测用户的健康数据，提醒用户健康生活。"日历药盒"可存储一周的药量，将撕日历的行为与用药提醒相结合，确保用户准确服用。通过"日历"屏幕可进行线上问诊，结合手环检测的数据，医生可准确了解老年人日常的身体情况，做出诊断。该系统为行动不便的老人以及后疫情时代居家问诊人群提供了线上线下整合解决方案，属产品导向型 PSS（图 5-11）。

图 5-8 "有恙"共享血糖仪产品服务系统设计（1）

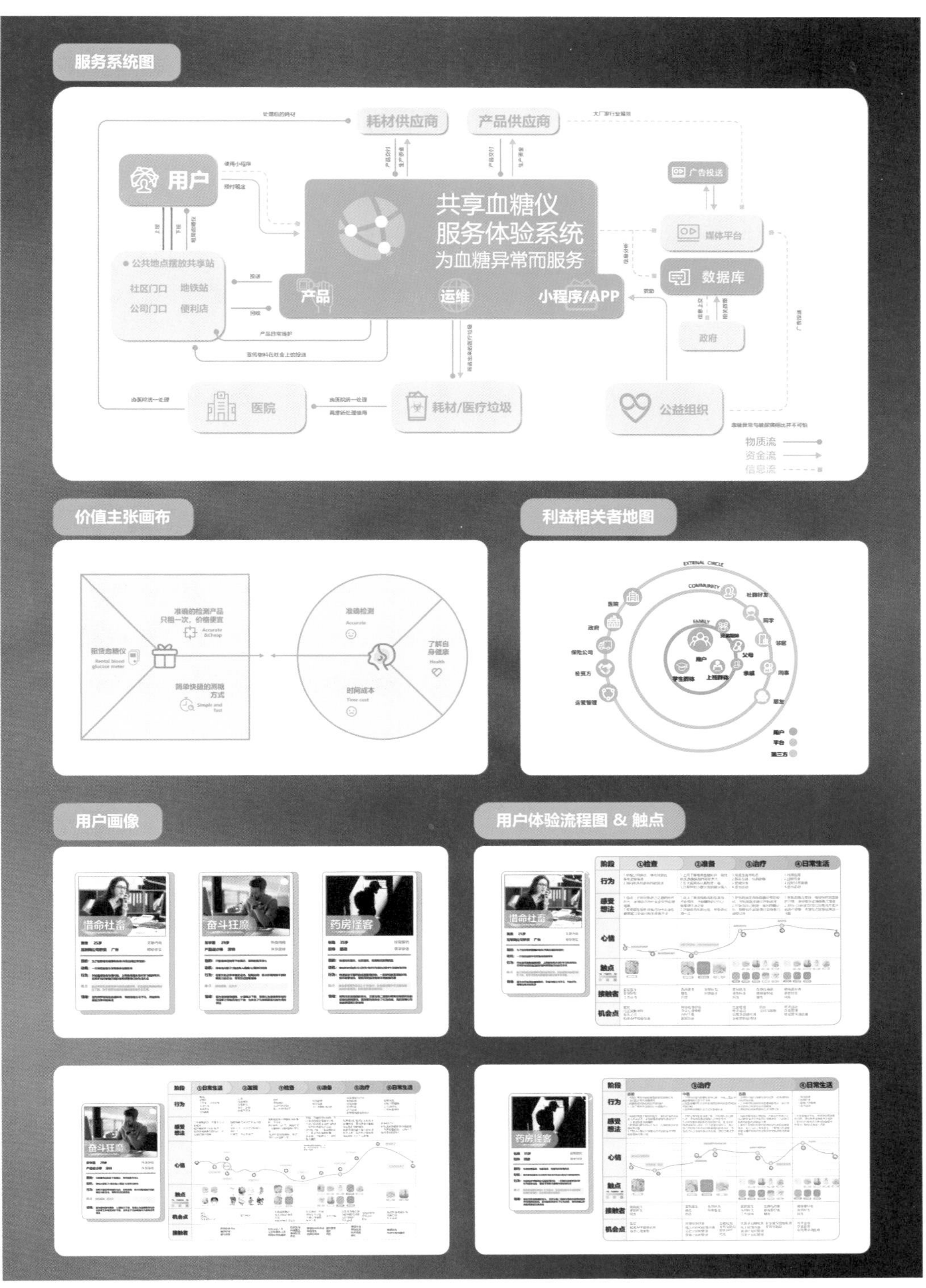

图 5-9 “有恙”共享血糖仪产品服务系统设计（2）

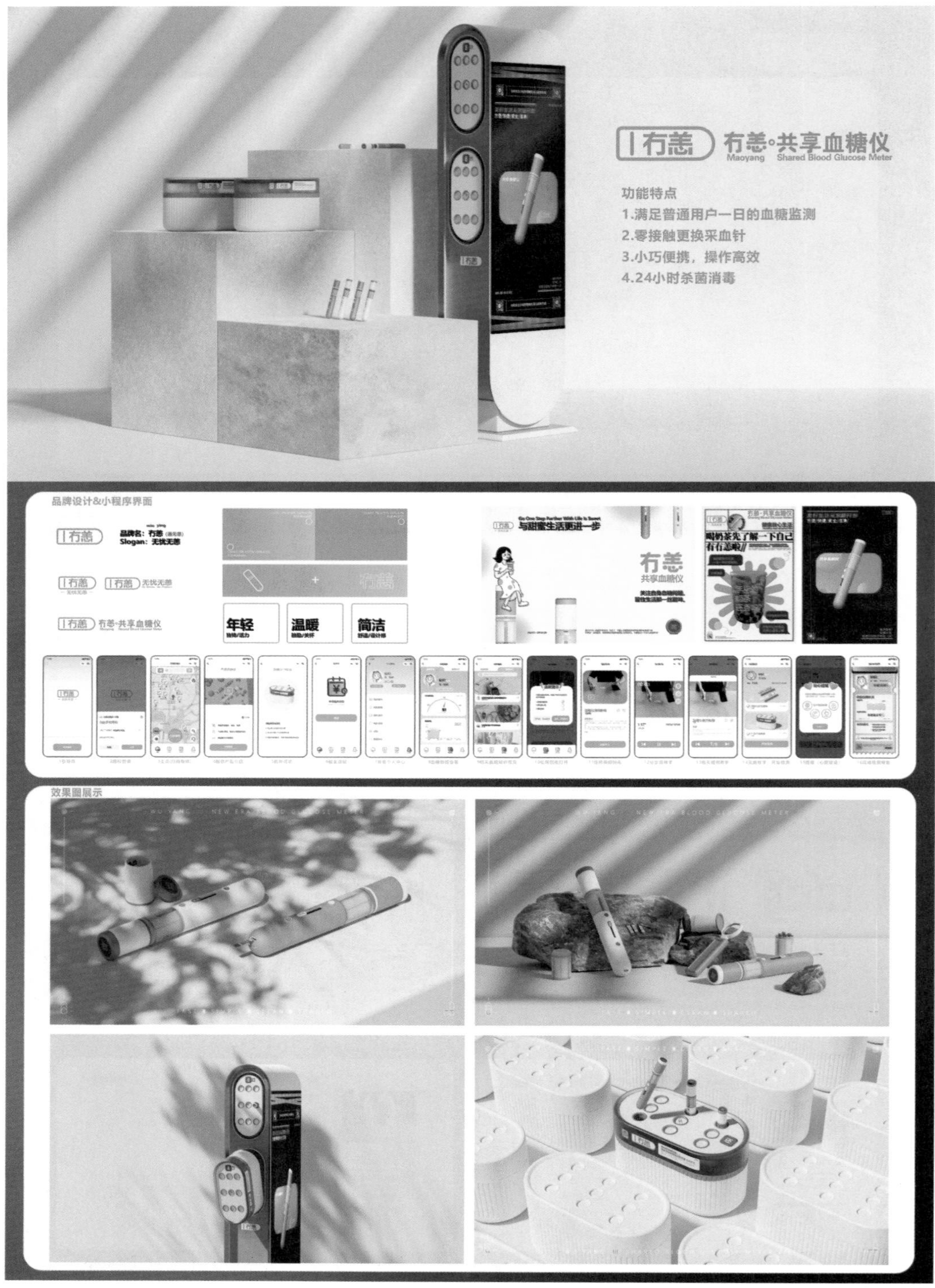

图 5-10 “有恙”共享血糖仪产品服务系统设计（3）

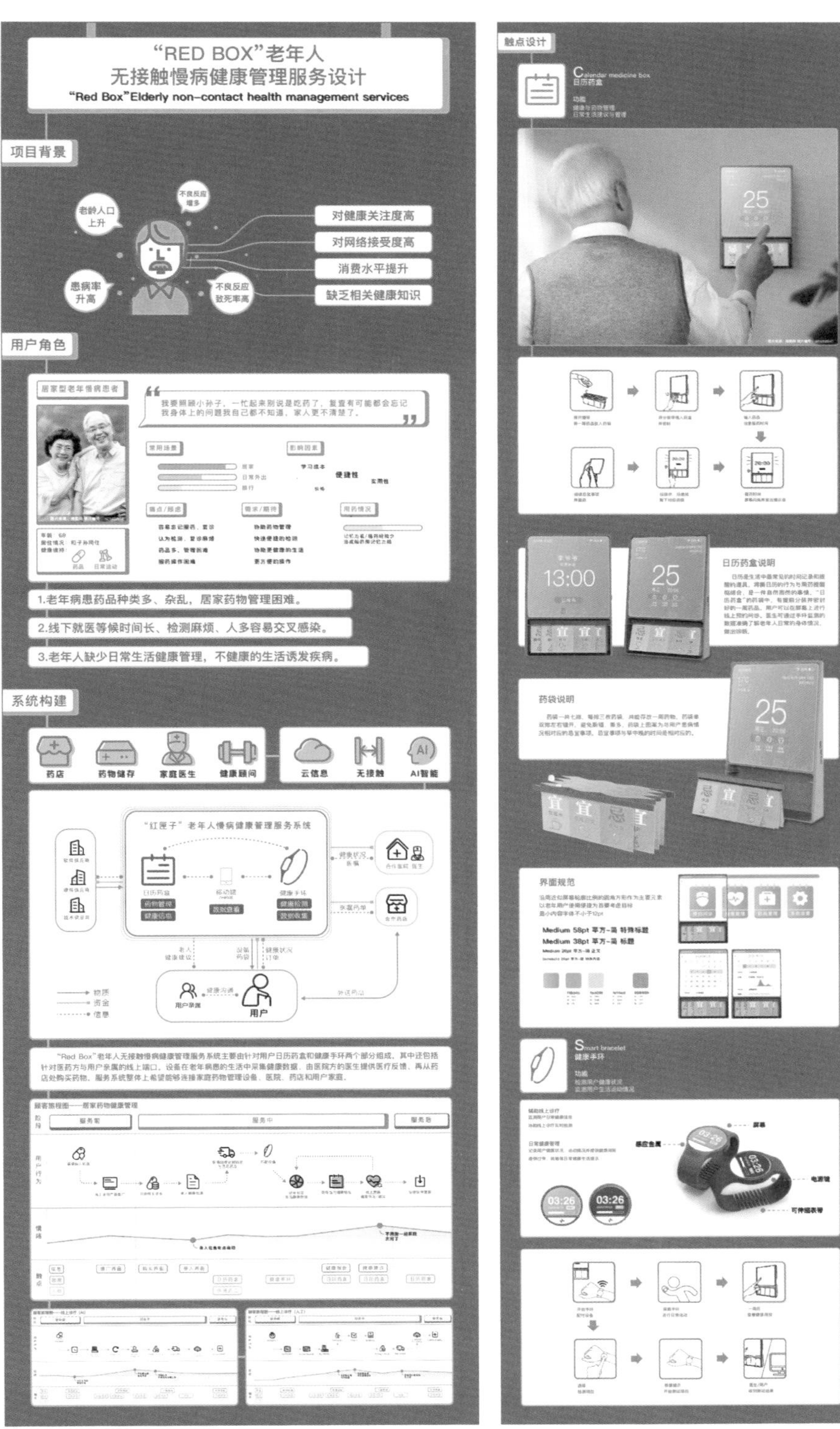

图 5-11
"红匣子"老年人慢病
健康管理产品服务系统设计

第五节　家居产品服务系统

案例八：“任意门”重要时刻营造与体验产品服务系统设计

设计：邹洁、陈伊航、邓骏康、徐冉、郑建宏、赵莹诗

指导：丁熊、刘珊、陈旭

新冠疫情改变了所有人的生活方式，人们被限制出行，减少社交。但人生中总有一些重要时刻是不愿错过的，例如自己的毕业典礼、朋友的结婚庆典、情侣的生日。“任意门”重要时刻营造与体验产品服务系统拥有一个强大的 APP，配合场景扫描创建服务、AR 实景互动大屏和虚拟场景体验包的使用，能为用户打破时空限制，营造重要场景氛围，通过 MR/VR 方式远程参与互动体验，就像机器猫穿过那道“任意门”一样，从而避免错过的遗憾。该系统属使用导向型 PSS（图 5–12）。

案例九：“眠羊”睡眠产品服务系统设计

设计：谭婉婷、吴依静、古慧敏、钟霞、尹雪、梁宇霆

指导：丁熊、刘珊

互联网风靡时代，随心所欲追剧、看直播……打发时间有了更多选择，熬夜的理由似乎有千千万，怎样才能睡得好？答案是：放下手机！抓住用户爱玩手机的困扰，设计了“眠羊”睡眠产品服务系统，包括眠羊社区 App、眠羊手机小窝、眠羊睡眠监测枕头和抱枕 4 个模块，督促用户“放下手机”，最大限度发挥“五感助眠”效果，优化用户的睡眠质量，带来极致的睡眠体验。传统载体与基于智能技术的增值服务，体现出产品导向型 PSS 的特征（图 5–13~ 图 5–15）。

案例十：“COMPET”宠物寄养产品服务系统设计

设计：查成柯、陈菀婧、谭星雨、罗逸娴

指导：丁熊、刘珊

针对寄养过程中宠物与宠物主之间的“分离焦虑”问题，设计了“COMPET”这一以“健康监测项圈 + 远程伴宠球”为核心的产品服务系统，它可以借助健康监测项圈来实时监测宠物健康安全状态，帮助宠物主及时获知宠物身体状况，并可通过远程伴宠球与宠物互动，以此缓解双方的焦虑情绪，紧扣“幸福”主题，帮助用户

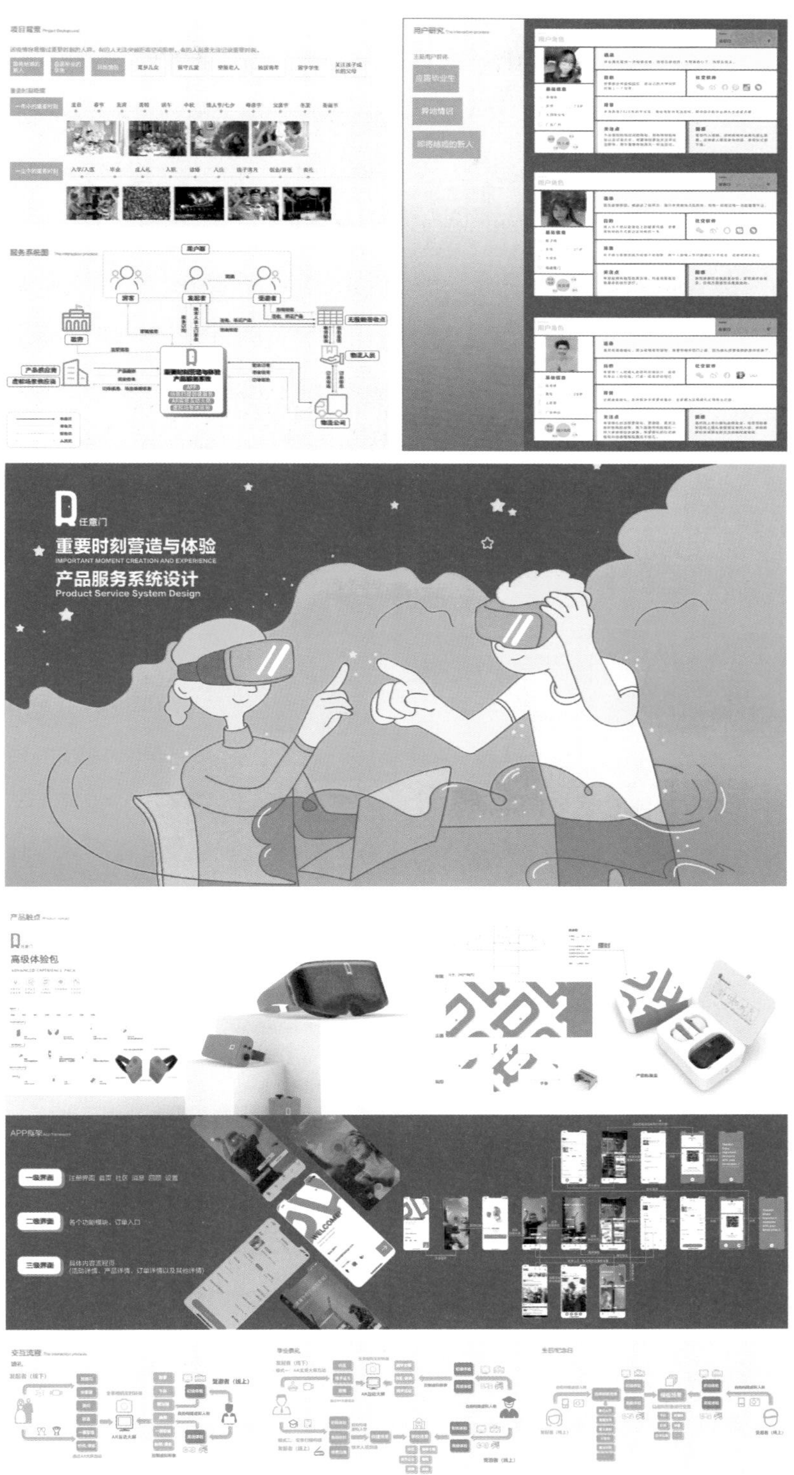

图 5-12
“任意门”重要时刻营造与体验产品服务系统设计

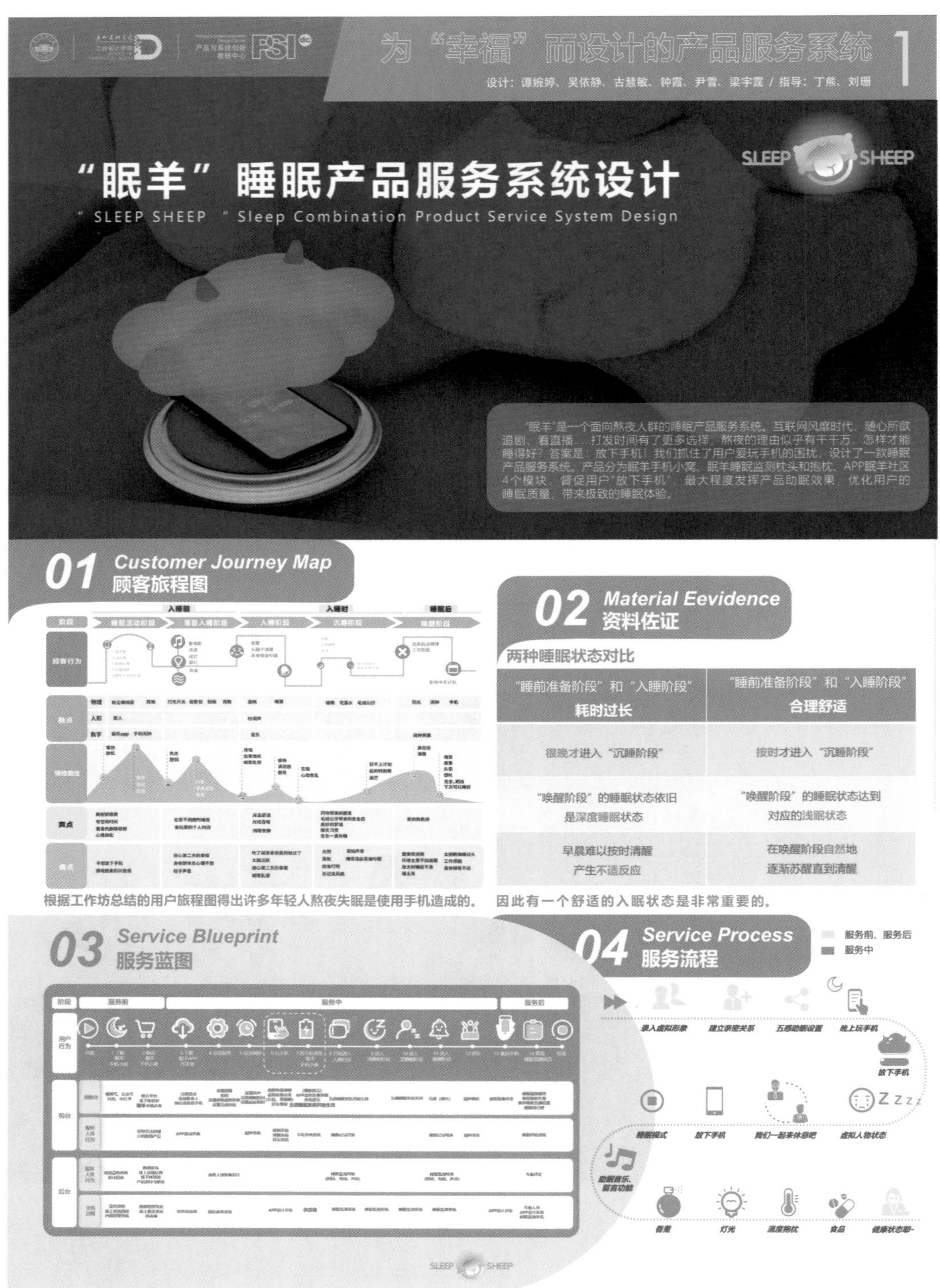

图 5-13 “眠羊”睡眠产品服务系统设计（1）

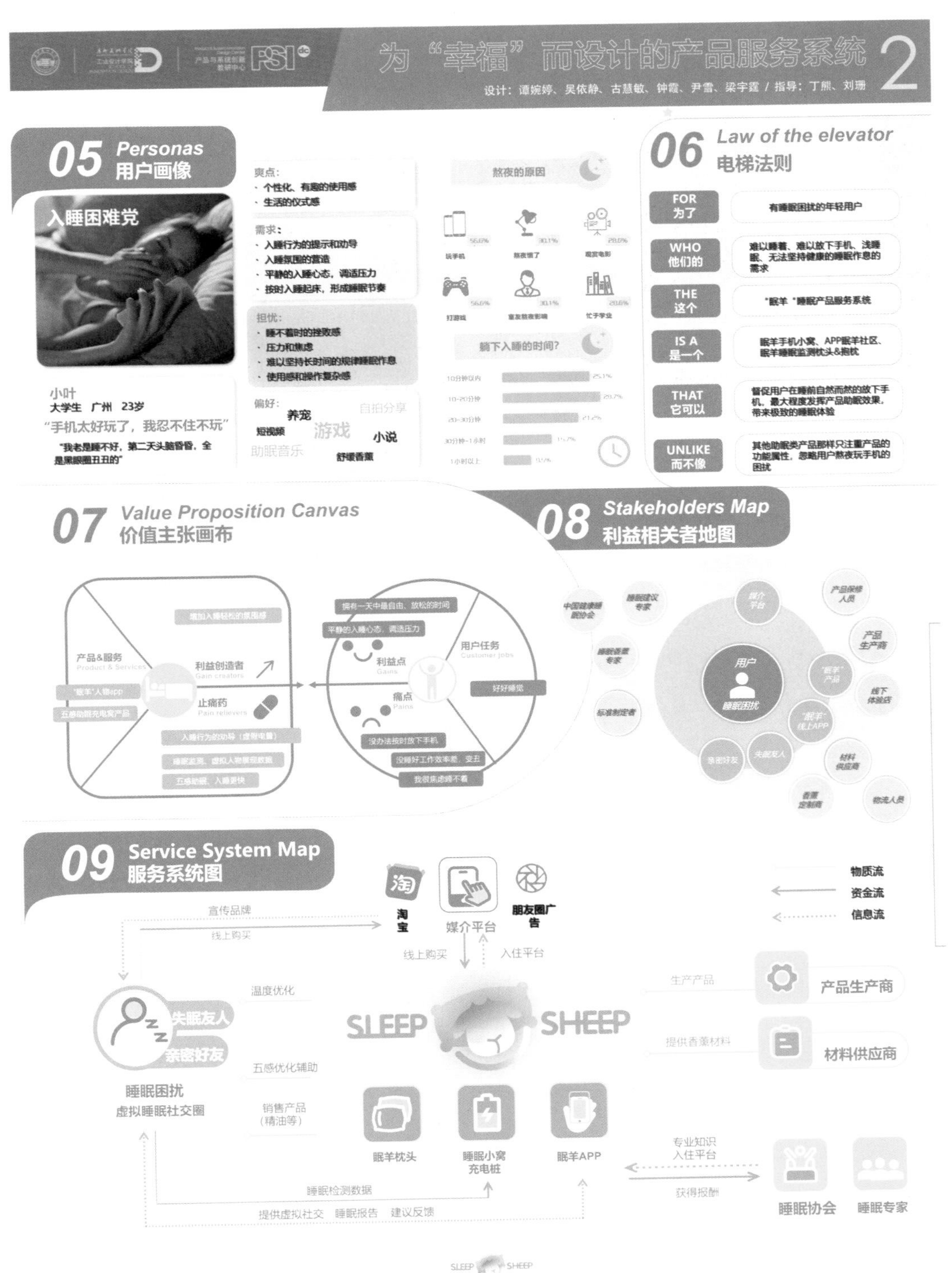

图5-14 “眠羊”睡眠产品服务系统设计（2）

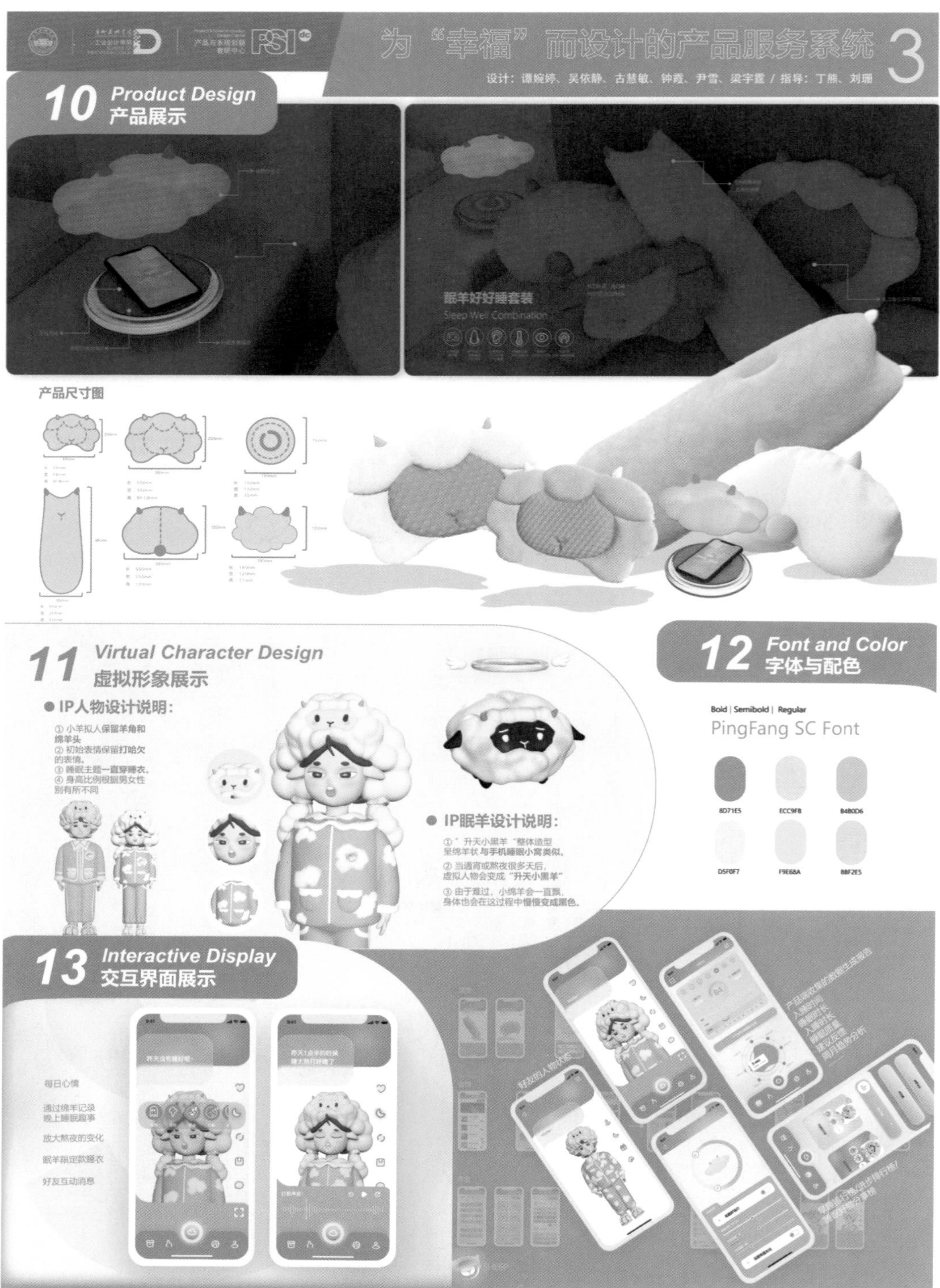

图 5-15 “眠羊”睡眠产品服务系统设计（3）

建立更美好的人宠关系。该产品可同时适应产品导向型与使用导向型 PSS 两种商业模式（图 5-16~ 图 5-18）。

第六节　文旅产品服务系统

案例十一：“造吗”西关打铜产品服务系统设计

设计：梁智佳　指导：丁熊、刘珊

伴随着岭南传统手艺的式微，了解这些民俗文化的年轻人也越来越少。在“造吗”体验馆，人们可以选购符合当下生活方式和审美趣味的西关打铜产品。如果你有兴趣，可以预约这里的手作课程，在老师和工作人员帮助下，你可以在极具“沉浸感”的空间里，亲手参与打铜。这些产品的基础部分由批量化生产预制，能保证其使用性能和较低的价格，而用户参与的环节则是西关打铜最具创造力和体验感的“纹理敲打”环节，从而提升产品的情感价值。作为增值服务，课程的盈利也可用于反哺传统手艺人的保护性生产，实现经济和文化层面的可持续。该系统属产品导向型 PSS（图 5-19）。

案例十二：“冰墩墩的移动小窝”冬奥周边产品移动零售服务场景设计

设计：何东阳　指导：丁熊、刘珊

“冰墩墩的移动小窝”是一个围绕冬奥吉祥物冰墩墩形象搭建的周边产品移动新零售服务场景。场景的故事背景设定为冰墩墩的移动小窝，整个服务系统包括 VI 视觉、体验场景、冬奥周边产品、车内外与线上线下数字触点等设计。IP 场景化的移动方式同时为用户购买周边产品和冬奥组委活动推广带来新的渠道和体验。场景中的无人驾驶车辆选用广汽集团 Magic Box，并作内部定制化改造，奥组委特许零售商以租赁方式使用该产品和服务，属使用导向型 PSS（图 5-20）。

图 5-16　"COMPET"宠物寄养产品服务系统设计（1）

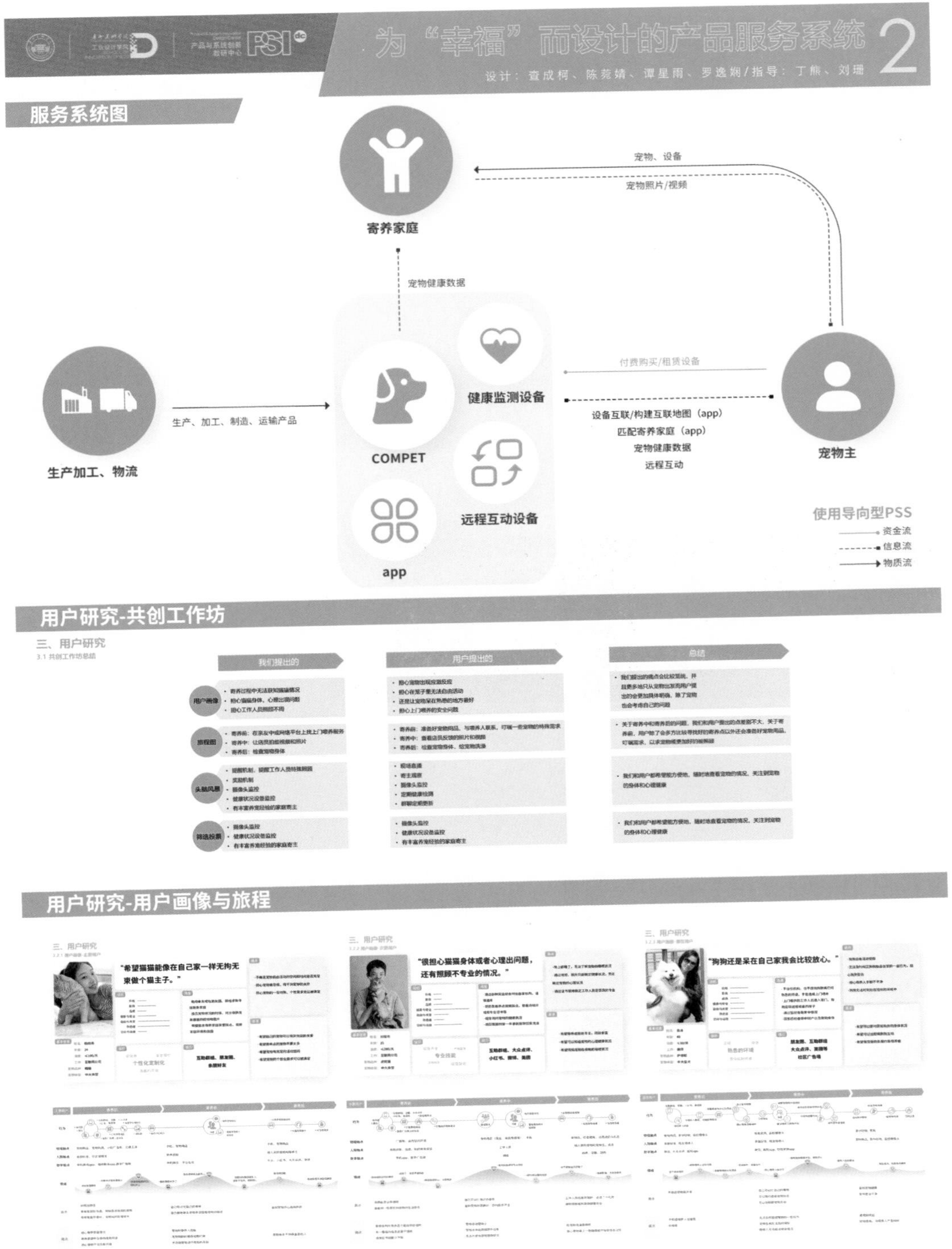

图 5-17 "COMPET"宠物寄养产品服务系统设计（2）

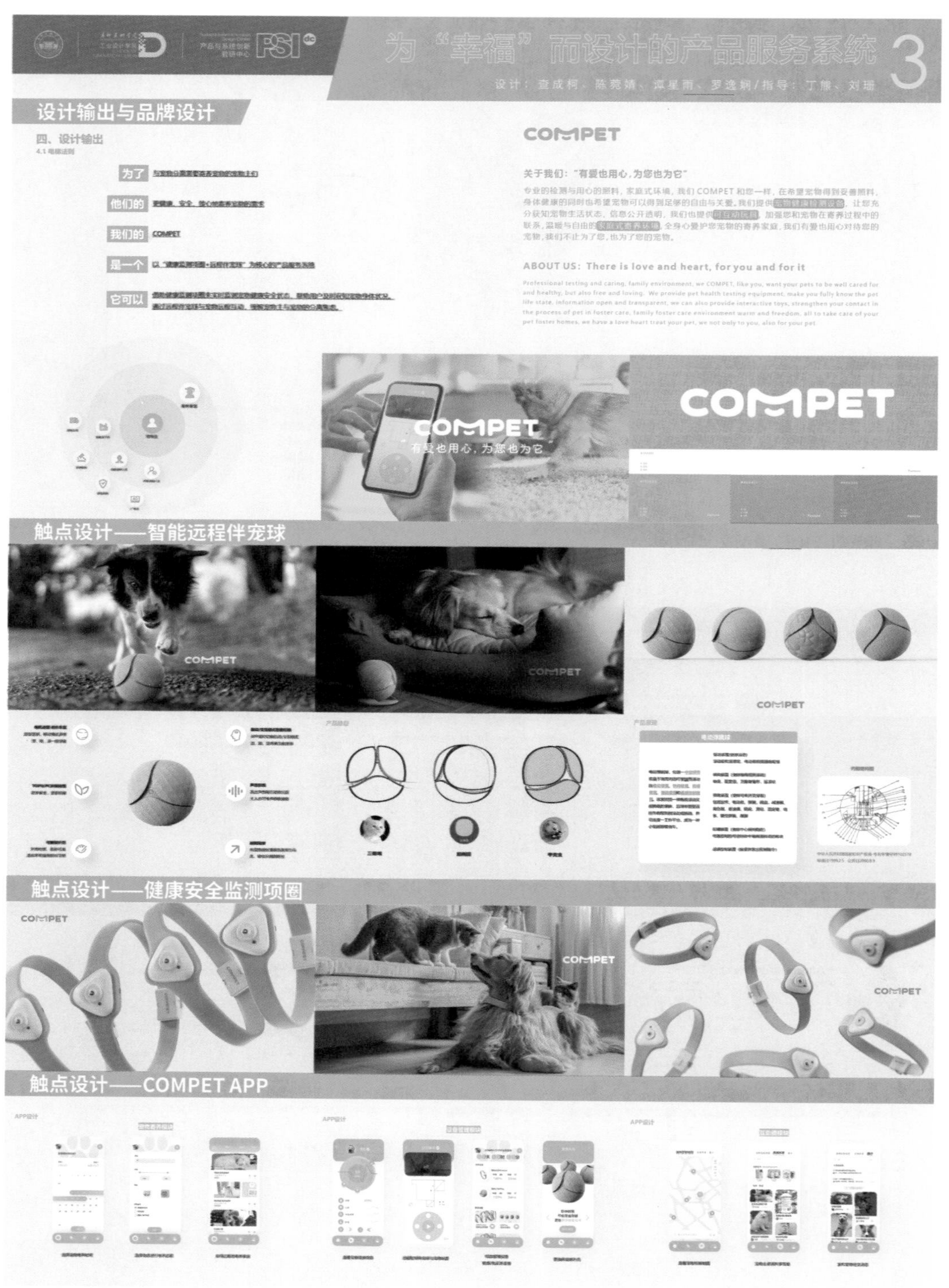

图 5-18 "COMPET"宠物寄养产品服务系统设计（3）

图 5-19　“造吗”西关打铜产品服务系统设计

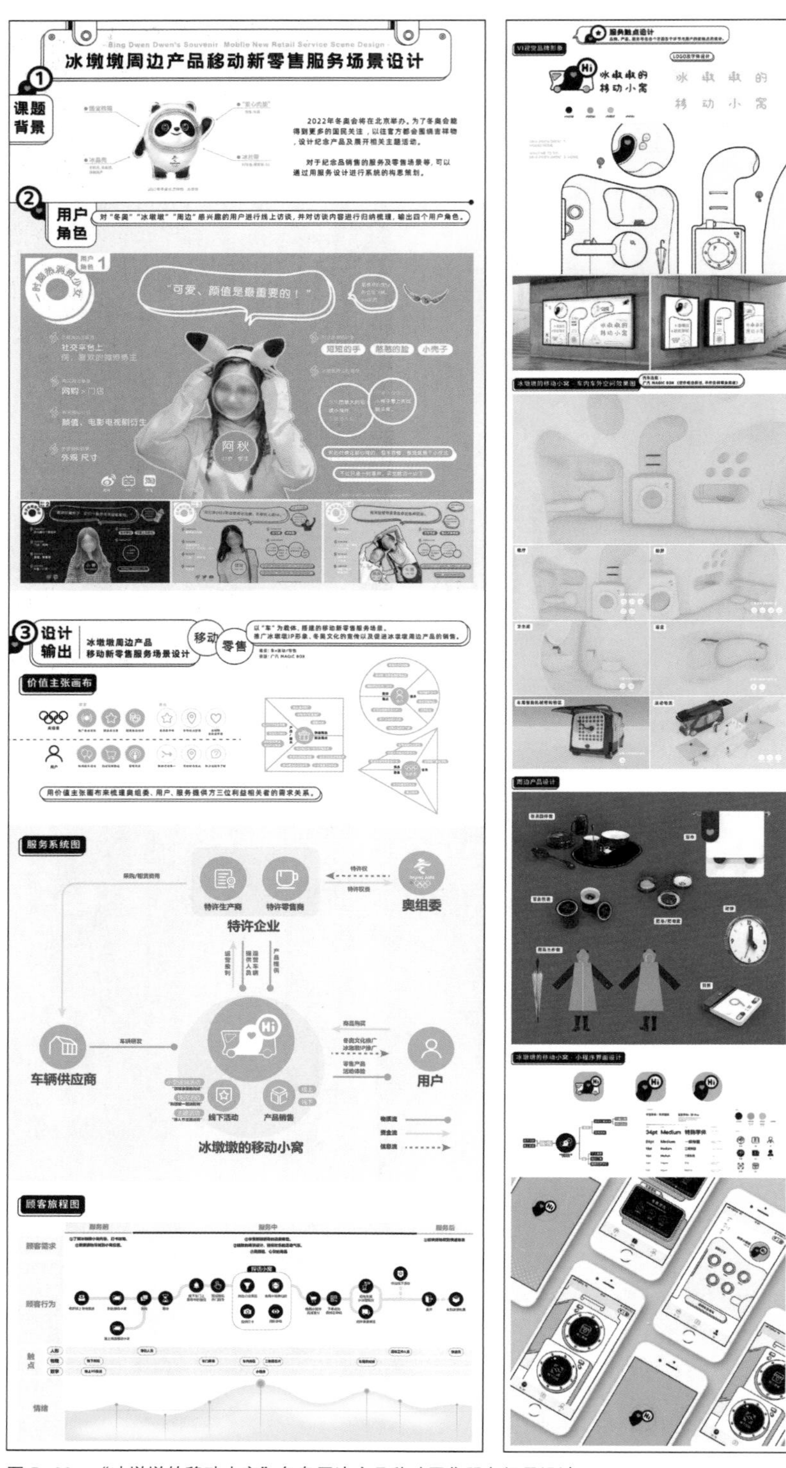

图 5-20 "冰墩墩的移动小窝"冬奥周边产品移动零售服务场景设计

案例十三："晴野雨也"雨天露营产品服务系统设计

设计：刘欣怡、熊晚婷、邱功茂、李慕涵、陈燕莹

指导：丁熊、刘珊

"晴野雨也"通过品牌化营地管理和雨天露营产品相结合的方式，改善现有拎包入住式营地应对突发天气状况能力不足的现状，立志为游客打造雨天场景下的独特露营体验。当雨天来临时，通过自动或手动的遮雨设备，为游客提供露营所需的遮蔽空间，可最大限度避免活动暂停或终止；设计符合雨天调性的"露营 +"活动，包括雨天入住（雨营）、与"雨"相关的活动（雨趣）以及与"雨天"匹配的饮食（雨味）。专业且独特的"雨营"产品是该系统的最大亮点，也决定了该系统的"结果导向型"属性（图 5-21~ 图 5-23）。

图 5-21 “晴野雨也”雨天露营产品服务系统设计（1）

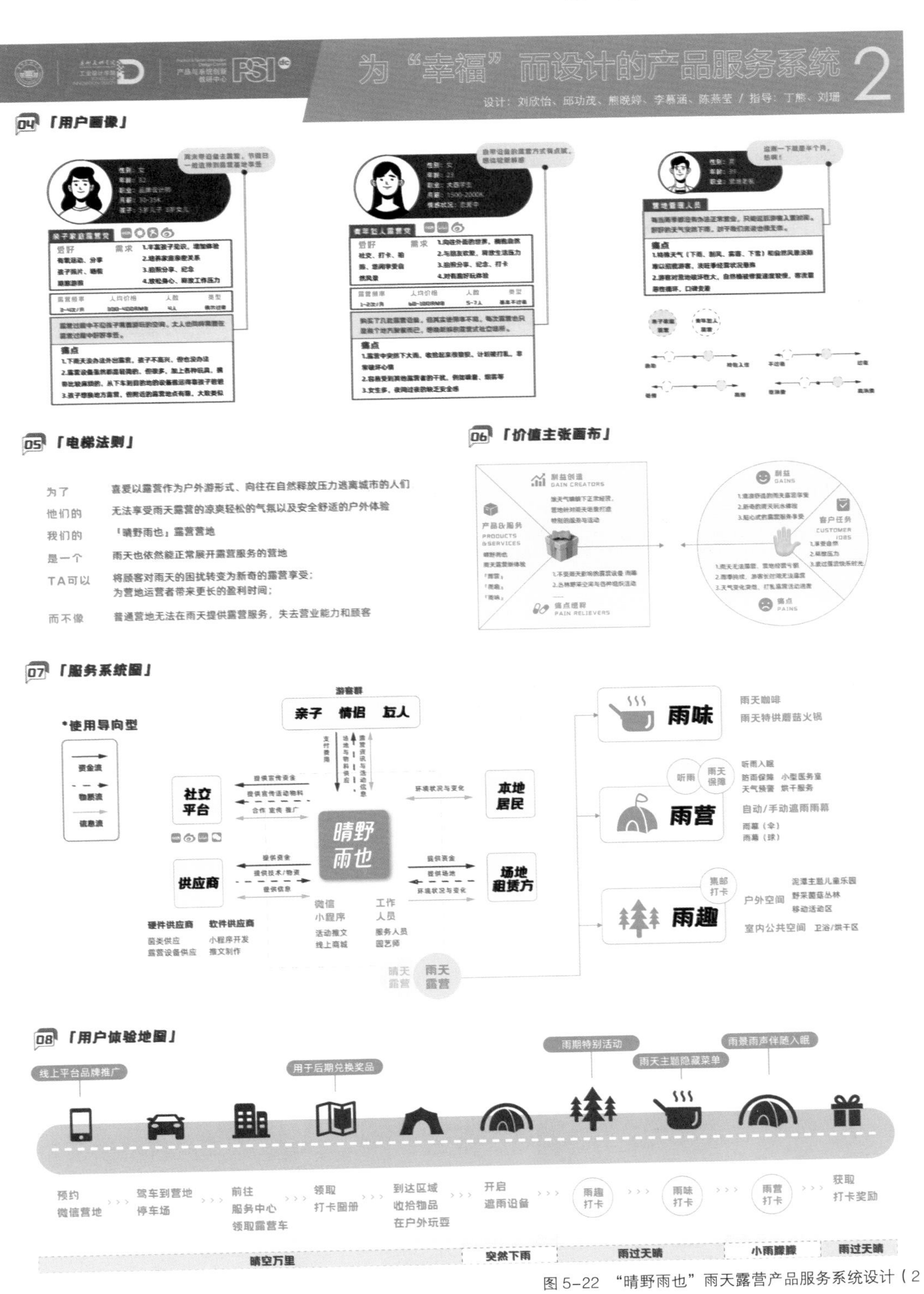

图 5-22 "晴野雨也"雨天露营产品服务系统设计（2）

图 5-23 "晴野雨也"雨天露营产品服务系统设计（3）

参考文献

专著

[1] 王国胜．服务设计与创新 [M]. 北京：中国建筑工业出版社，2015.

[2] 陈嘉嘉．服务设计：界定・语言・工具 [M]. 南京：江苏凤凰美术出版社，2016.

[3] 陈嘉嘉，王倩，江加贝．服务设计基础 [M]. 南京：江苏凤凰美术出版社，2018.

[4] 罗仕鉴，朱上上．服务设计 [M]. 北京：机械工业出版社，2011.

[5] 黄蔚．服务设计驱动的革命：引发用户追随的秘密 [M]. 北京：机械工业出版社，2019.

[6] 黄蔚．好服务，这样设计：23 个服务设计案例 [M]. 北京：机械工业出版社，2021.

[7] 耿秀丽．产品服务系统设计理论与方法 [M]. 北京：科学出版社，2018.

[8] 王受之．世界现代设计史 [M]. 北京：中国青年出版社，2002.

[9] （美）B. 约瑟夫・派恩二世（B.Joseph Pine Ⅱ），詹姆斯 H. 吉尔摩（James H.Gilmore）．体验经济（修订版）[M]. 毕崇毅，译．北京：机械工业出版，2012.

[10] （美）托夫勒・阿尔文（Alvin Toffler）. 未来的冲击 [M]. 孟广均，译．北京：新华出版社，1996.

[11] （美）克里斯托弗・洛夫洛克（Christopher Lovelock），约亨・沃茨（Jochen Wirtz）．服务营销 [M]. 韦福祥，等，译（7 版）．北京：机械工业出版社，2013.

[12] （德）雅各布・施耐德（Jakob Schneider），（奥）马克・斯迪克多恩（Marc Stickdorn）．服务设计思维 [M]. 郑军荣，译．南昌：江西美术出版社，2015.

[13] （英）宝莱恩（Andy Polaine），乐维亚（Lavrans Lovlie），里森（Ben Reason）．服务设计与创新实践 [M]. 王国胜，等，译．北京：清华大学出版社，2015.

[14] （意）埃佐・曼奇尼（Ezio Manzini）. 设计，在人人设计的时代：社会创新设计导论 [M]. 钟芳，译．北京：电子工业出版社，2016.

[15] （荷）代尔夫特理工大学工业设计工程学院．设计方法与策略：代尔夫特设计指南 [M]. 倪裕伟，译．武汉：华中科技大学出版社，2014.

[16] （美）詹姆斯・卡尔巴赫（Jim Kalbach）．用户体验可视化指南 [M]. UXRen 翻译组，译．北京：人民邮电出版社，2018.

[17] （瑞士）亚历山大・奥斯特瓦德（Alexander Osterwalder），（比）伊夫・皮尼厄（Yves

Pigneur）. 商业模式新生代 [M]. 黄涛，郁婧，译 . 北京：机械工业出版社，2010.

[18] （美）桑普森（Sampson，S. E.）. 服务设计要法：用 PCN 分析方法开发高价值服务业务 [M]. 徐晓飞，王忠杰，等，译 . 北京：清华大学出版社，2013.

[19] Nathan Shedroff. Experience Design[M]. US：Waite Group Press，2001.

[20] Hormess E，Markus，Stickdorn，et al. This Is Service Design Doing[M]. O'Reilly Media，Inc，2018.

[21] Vezzoli C，Kohtala C，Srinivasan A，et al：Product Service System Design for Sustainability[M]. Greenleaf Publishing Limited，2014.

[22] White，A.，Stoughton，M.，& Feng，L. Servicizing：The Quiet Transition to Extended Product Responsibility[M]. Tellus Institute，1999.

政府文件或行业报告

[1] 中华人民共和国商务部 . 服务外包产业重点发展领域指导目录（2018 年版）[S]. 北京：中华人民共和国商务部、财政部、海关总署，2018.

[2] 中华人民共和国文化部 . 文化部关于加强非物质文化遗产生产性保护的指导意见 [S]. 北京：中华人民共和国文化部，2012.

[3] 王国胜，张盈盈，傅恋群 . 服务设计指导手册：提升服务体验的方法及工具 [R]. 北京：清华大学美术学院、国际服务设计联盟（北京），2018.

[4] 丁熊，刘珊，罗若丹，毛俊钦，罗文浩 . 南海传统手工艺调研报告 [R].（2018-06-28）[2019-5-21] http：//travel.southcn.com/l/2018-06/28/content_182381513.htm.

学位论文或毕设报告书

[1] 韩少华 . 可持续产品服务系统设计及其创新转移研究 [D]. 武汉：武汉理工大学，2016.

[2] 姜颖 . 服务设计协作式系统图工具的设计及应用策略研究 [D]. 无锡：江南大学，2018.

[3] 黄放 . 基于时间购买的预测式运维服务供应链收益分配公平性研究 [D]. 西安：西安理工大学，2017.

[4] 韩佳瑶 . PCES 院前协同急救服务系统设计 [D]. 广州：广州美术学院，2018.

[5] 梁智佳 . “造吗”岭南文创产品服务系统设计 [D]. 广州：广州美术学院，2018.

[6] 王玫琳 . “记忆伙伴”博物馆失智症主题观展服务设计 [D]. 广州：广州美术学院，2020.

[7] 陈靓宇 . “红匣子”老年人无接触慢性病健康管理服务设计 [D]. 广州：广州美术学院，2020.

[8] 杨蕴意 . 无人机应急医药服务系统设计 [D]. 广州：广州美术学院，2020.

[9] 何东阳 . 冰墩墩周边产品移动新零售服务场景设计 [D]. 广州：广州美术学院，2020.

[10] 杜俊霖 . 全场景视角下的儿童安全教育产品服务系统设计研究 [D]. 广州：广州美术学院，2020.

[11] 冉敏 . 基于角色理论的积极老龄化公共教育服务系统设计研究 [D]. 广州：广州美术学院，2021.

[12] YUE H. Seeing Industrial Services through Experience Lens：Revealing a Customer Experience Map to Design for an Experiential Service in B2B Context[D]. Finland：Aalto University，2016.

期刊或会议论文

[1] 丁熊，刘珊 . 艺术类院校服务设计本科教学体系的构建与实践 [J]. 工业工程设计，2020，2（01）：119–126.

[2] 丁熊，刘珊 . 基于类型学和心理学场论的服务设计再定义 [J]. 装饰，2020（11）：124–125.

[3] 丁熊，杜俊霖 . 服务设计的基本原则：从以用户为中心到以利益相关者为中心 [J]. 装饰，2020（03）：62–65.

[4] 丁熊，梁子宁 . 服务与体验经济时代下公共设计的新思路 [J]. 美术学报，2016（4）：90–95.

[5] 丁熊，朱哲 . 心理学视角下的服务设计工具应用解析 [J]. 设计，2020，33（13）：66–69.

[6] 丁熊，周文杰，刘珊 . 服务设计中旅程可视化工具的辨析与研究 [J]. 装饰，2021（03）：80–83.

[7] 丁熊，刘珊，胡方圆 . 服务设计中系统图与商业模式画布的异同性研究 [J]. 美术学报，2021（03）：123–128.

[8] 丁熊，王玫琳，刘珊 . 基于 PCN 理论的健康医疗产品服务系统设计策略研究 [J]. 装饰，2021（10）：105–109.

[9] 丁熊，宁菁 . 可持续四维度理论在岭南非遗活态传承服务系统设计中的应用研究 [J]. 包装工程，2020，41（14）：28–35+48.

[10] 刘珊 . 过程链网络分析法在餐饮服务设计中的应用 [J]. 包装工程，2017，38（24）：188–192.

[11] 辛向阳 . 从用户体验到体验设计 [J]. 包装工程，2019，40（08）：60–67.

[12] 辛向阳，曹建中 . 定位服务设计 [J]. 包装工程，2018，39（18）：43–49.

[13] 代福平，辛向阳 . 基于现象学方法的服务设计定义探究 [J]. 装饰，2016（10）：66–68.

[14] 曹建中，辛向阳 . 服务设计五要素——基于戏剧“五位一体”理论的研究 [J]. 创意与设计，2018（02）：59–64.

[15] 罗仕鉴，邹文茵 . 服务设计研究现状与进展 [J]. 包装工程，2018，39（24）：55–65.

[16] 宋小青 . 服务设计中的人际触点研究 [J]. 大众文艺，2016（17）：69–70.

[17] 李叶 . 体验经济时代的设计 [J]. 设计，2020，33（05）：7.

[18] 李葆嘉．汉语元语言系统研究的理论建构及应用价值 [J]. 南京师大学报（社会科学版），2002（4）：140–147.

[19] 张静．完形心理学家勒温和他的“场论”[J]. 大众心理学，2006（6）：46–47.

[20] 李晓英，黄楚，周大涛，孙淑娴．基于用户体验地图的产品创新设计方法研究与应用 [J]. 包装工程，2019，40（10）：150–155.

[21] 王泓．以商业模式画布为工具的商业模式设计 [J]. 中外企业家，2013（19）：3+5.

[22] 姜颖，张凌浩．服务设计系统图的演变与设计原则探究 [J]. 装饰，2017（6）：79–81.

[23] 黄文思．有计划废止制度的缘起、动因及生态启示 [J]. 经济论坛，2020（12）：112–119.

[24] 耿秀丽，褚学宁．产品服务系统设计方法研究的总结和探讨 [J]. 现代制造工程，2014（09）：1–8+54.

[25] 袁晓芳，吴瑜．可持续背景下产品服务系统设计框架研究 [J]. 包装工程，2016，37（16）：91–94.

[26] 钱晓波．在传统制造型企业中引入产品服务系统设计策略 [J]. 装饰，2015（10）：114–117.

[27] 赵汗青，崔天剑．可持续的适老产品服务系统设计研究 [J]. 工业工程设计，2020，2（3）：93–98.

[28] 张雪，严琴琴，吴江，张蓓，周连锁，王钰．国内院前急救体系发展存在的问题及对策 [J]. 医学信息，2020，33（23）：12–14.

[29] 马贵侠．论“时间银行”模式在居家养老中的应用 [J]. 南京理工大学学报（社会科学版），2010，23（06）：116–120.

[30] 张仕杰，巩淼森．面向健康管理的产品服务系统设计现状与趋势研究 [J]. 大众文艺，2020（06）：90–91.

[31] 杨瑞婷，李亚军．基于 QFD 的社区老年人慢性病管理产品服务系统设计研究 [J]. 工业工程设计，2020，2（3）：104–112.

[32] 韩少华，陈汗青．产品服务系统设计理论核心的系统性文献综述 [J]. 创意与设计，2016（2）：21–25.

[33] 李龙熙．对可持续发展理论的诠释与解析 [J]. 行政与法（吉林省行政学院学报），2005（01）：3–7.

[34] 吕品田．文明建设的生态之力——手工的意义及寄望于设计实践的意义开发 [J]. 装饰，2013（02）：12–15.

[35] 姜军，杨文选．经济转化：少数民族非物质文化遗产可持续传承的基本模式 [J]. 贵州民族研究，2018，39（08）：185–188.

[36] 关月婵．推动文化产业与旅游产业融合发展的思考：以广西京族民族文化旅游可持续发展为样本 [J]. 南宁师范大学学报（哲学社会科学版），2020，41（2）：110–117.

[37] 刘小蓓，高伟．制度增权：广东开平碉楼传统村落文化景观保护的社区参与思考 [J]. 中国园林，2016，32（01）：121–124.

[38] 张佳莹. 可持续世界遗产：经济、环境、社会、文化可持续的优先顺序[J]. 建筑与文化，2018（07）：67–69.

[39] 袁少雄，陈波. 广东省非物质文化遗产结构及地理空间分布[J]. 热带地理，2012（1）：94–97.

[40] 陶学锋，许潇笑. 从“无形”到“有形”：杭州手工艺活态展示馆保护和传承非物质文化遗产的实践[J]. 国际博物馆（中文版），2011，63（01）：59–68.

[41] 江平宇，朱琦琦. 产品服务系统及其研究进展[J]. 制造业自动化，2008，30（12）：10–17.

[42] 崔艺铭，张帆. 服务设计可持续发展观探析——以生态材料设计研究为例[J]. 设计，2019，32（14）：99–101.

[43] 张盈盈，史习平，覃京燕. 服务导向的博物馆可持续性体验设计研究[J]. 包装工程，2015，36（22）：1–4+12.

[44] 郎咸平，孙晋，常博宇，陈浩，李京，廖慧琴. 安踏能打败耐克吗？模仿和超越：一个中国企业商业模式转型的榜样[J]. 深圳特区科技，2010（Z3）：74–89.

[45] 王宇. 模块化理论与应用[J]. 民营科技，2011（09）：192.

[46] 倪健惠. 浅析共享经济概念[J]. 现代经济信息，2018（11）：8.

[47] 杨书群. 服务型制造的实践、特点及成因探讨[J]. 产经评论，2012，3（04）：46–55.

[48] 何哲，孙林岩，朱春燕. 服务型制造的概念、问题和前瞻[J]. 科学学研究，2010，28（01）：53–60.

[49] 陈俊. 地理信息系统及其在城市规划与管理中的应用[J]. 建材与装饰，2016（24）：195–196.

[50] Jégou F.，Manzini E.，Meroni A.，Design Plan，a Tool for Organizing the Design Activities Oriented to Generate Sustainable Solutions[J]. Solution Oriented Partnership，Cramfield University，Cranfield，2004，107–118.

[51] Morelli，N.，and Tollestrup，C.（2006）. New representation techniques for designing in a systemic perspective[C]. In DS 38：Proceedings of E and DPE 2006，the 8th International Conference on Engineering and Product Design Education，pp. 81–86.

[52] Tukker A. Eight Types of Product–Service System：Eight Ways to Sustainability? Experiences from SusProNet[J]. Business Strategy and the Environment，2004，13（4）：246–260.

[53] Duckett B. Design Dictionary：Perspectives on Design Terminology[J]. Reference Reviews，2008，228：46–47.

[54] Sampson S. E.，et al. Foundations and Implications of a Proposed Unified Services Theory[J]. Production and Operations Management，2009，15（2）：329–343.

[55] Sampson S. E.，Spring M.. Customer Roles in Service Supply Chains and Opportunities for Innovation[J]. Journal of Supply Chain Management，2012，48（4）：30–50.

[56] Smyth, S. J., Aerni, P., Castle, D., Demont, M., Falck-Zepeda, J. B., Paarlberg, R., Phillips, P. W. B., Pray, C. E., Savastano, S., Wesseler, J., Zilberman, D. （2011）. Sustainability and the bioeconomy: Policy recommendations from the 15th ICABR conference[C]. AgBioForum, 14（3）, 180–186.

[57] Mager, B., & Evenson, S. （2008）. Art of Service: Drawing the Arts to Inform Service Design and Specification[C]. In Service Science, Management and Engineering Education for the 21st Century. Springer.

[58] Roy, R. Sustainable Product-service Systems[J]. Futures, 2000, 32（3–4）: 289–299.

[59] Abed, M. Clarifying the concept of genocide[J]. Metaphilosophy, 2006, 37（3–4）: 308–330.

[60] Manzini, E., Vezzoli, C., & Anonymous. A strategic design approach to develop sustainable product service systems: example taken from the "environmentally friendly innovation" Italian prize[J]. Journal of Cleaner Production, 2003, 11（8）: 851–857.

报纸、网络文献或网站

[1] 纯色 . 谈双钻模型的设计流程 . https://zhuanlan.zhihu.com/p/389825361.

[2] 黄杰威 . 不怕逻辑思维不会展现——双钻石理论举例详解 . https://zhuanlan.zhihu.com/p/99129325.

[3] 人人都是产品经理 . 创新战略：产品服务系统设计 . https://baijiahao.baidu.com/s?id=1692458340161457045&wfr=spider&for=pc.

[4] 国际设计组织（WDO）官网 http://wdo.org/about/definition.

[5] 国际服务设计联盟官网 www.service-design-network.org.

[6] 塔西（2009）。服务设计工具。取自 http://www.servicedesigntools.org.

[7] Design Council. What is the framework for innovation? Design Council's evolved Double Diamond [EB/OL]. https://www.designcouncil.org.uk, 2015-03-17.

[8] 腾讯科技 . 照片共享社区 Flickr 这十年：崛起、没落和复兴 [EB/OL]. http://www.chinaz.com, 2014-02-12.

[9] 陈赵阳，姜玲，方忠 . 推动民族区域生态文化产业可持续发展 [N]. 中国社会科学报，2020-01-02（007）.

[10] https://www.lighting.philips.com.cn/cases/cases/healthcare/divocare.

后　记

本书的写作计划是几年前的事了，但一直没有动笔。主要是希望多一些教学经验的积累和教学效果的验证。期间，2019 年底以来的断断续续的新冠疫情，也一定程度上打乱了课程的节奏，好在线上线下结合的教学也取得了比较满意的成果。因此，自 2021 年暑期真正启动梳理、总结至完稿，反倒只有几个月时间。

感谢中国建筑工业出版社李东禧主任、吴绫主任一直惦念此书，并在申报选题、撰写过程中给出了具体建议。感谢同事刘珊副教授，也是本书的共同作者，这门课程从 2016 年开始探索（当时的课程名称为“城市品牌与产品服务系统设计”，同时在毕业设计中设立“产品服务系统设计”课题）、到 2019 年确立“产品服务系统设计”的完整课程框架，再到目前在本科和研究生层面同时开课，我们都在一个团队共同探讨、并肩作战、持续迭代。

感谢广美服务设计研究室的几位研究生参与了本书部分文献梳理、方法创新、案例写作或案例提供，他们是：2020 级王玫琳、陈海玲、赵颖、蒲泽南（产品服务系统文献综述、成本效率分类法写作）；2018 级宁菁（广义 PSS 分类方法、案例写作），2018 级冉敏（案例三：“乐支乐知”），2017 级杜俊霖（案例二：“哎呀计划”）。感谢广美工业设计学院公共与服务设计工作室、产品与系统创新教研中心多位本科生参与课程并共同讨论，为本书提供了课程作业案例，他们是：2014 级韩佳瑶（案例：“PCES”）、梁智佳（案例十一：“造吗”），2015 级李泳枫（案例：“造物本院”）、毛俊钦（案例：“往来”），2016 级王玫琳（案例一：“记忆伙伴”）、杨蕴意（案例五：“AIR-EXPRESS”）、陈靓宇（案例七：“红匣子”）、何东阳（案例十二：“冰墩墩的移动小窝”），2017 级邹洁等（案例八：“任意门”），2018 级林尚君等（案例四：“随孕行”）、庄绿欣等（案例六：“有恙”），2019 级谭婉婷等（案例九：“眠羊”）、查成柯等（案例十：

“COMPET”）、刘欣怡等（案例十三：“晴野雨也”）。特别需要说明的是，第五章呈现的所有案例，为作业原状，未经修改，部分工具及内容难免存误，但确是学生学习的真实情况。还要感谢工业设计学院研究生任宇杰、曾祥明、潘华华、廖乐雯、丁治茼、李咏丹参与书稿及课程教学视频的校对与订正。

“产品服务系统设计”课程仍在不断更新与完善过程中，本教材编写若有错漏、不妥，恳请不吝指正与交流。